JN208560

西山陽一 著

マルチンゲール

測度論の概観からスパース推定の基礎まで

共立出版

統計学 One Point 27

「統計学 One Point」刊行にあたって

まず述べねばならないのは，著名な先人たちが編纂された共立出版の『数学ワンポイント双書』が本シリーズのベースにあり，編集委員の多くがこの書物のお世話になった世代ということである．この『数学ワンポイント双書』は数学を理解する上で，学生が理解困難と思われる急所を理解するために編纂された秀作本である．

現在，統計学は，経済学，数学，工学，医学，薬学，生物学，心理学，商学など，幅広い分野で活用されており，その基本となる考え方・方法論が様々な分野に散逸する結果となっている．統計学は，それぞれの分野で必要に応じて発展すればよいという考え方もある．しかしながら統計を専門とする学科が分散している状況の我が国においては，統計学の個々の要素を構成する考え方や手法を，網羅的に取り上げる本シリーズは，統計学の発展に大きく寄与できると確信するものである．さらに今日，ビッグデータや生産の効率化，人工知能，IoT など，統計学をそれらの分析ツールとして活用すべしという要求が高まっており，時代の要請も機が熟したと考えられる．

本シリーズでは，難解な部分を解説することも考えているが，主として個々の手法を紹介し，大学で統計学を履修している学生の副読本，あるいは大学院生の専門家への橋渡し，また統計学に興味を持っている研究者・技術者の統計的手法の習得を目標として，様々な用途に活用していただくことを期待している．

本シリーズを進めるにあたり，それぞれの分野において第一線で研究されている経験豊かな先生方に執筆をお願いした．素晴らしい原稿を執筆していただいた著者に感謝申し上げたい．また各巻のテーマの検討，著者への執筆依頼，原稿の閲読を担っていただいた編集委員の方々のご努力に感謝の意を表するものである．

編集委員会を代表して　鎌倉稔成

まえがき

統計学は学際的な学問分野であり，中でも確率論とつながる側面ももっている．統計理論の発展のために，確率論をはじめとする数学のさまざまな分野から新技術が導入されることが重大な契機となったことはこれまでにもしばしばあった．そしてマルチンゲールは，確率論の中の最重要テーマのひとつである．それが統計学に大きく貢献した例は，生存解析における計数過程アプローチや，数理ファイナンスにおける拡散過程に基づくモデリングなど，枚挙にいとまがない．

「マルチンゲール」をテーマとする新著の執筆を最初にお勧めくださったのは，統計学 One Point シリーズの編集委員のおひとりである江口真透先生（統計数理研究所名誉教授）である．お誘いを賜って以来の長期間にわたって，筆者は何を執筆し，どのように解説するのが好ましいのか思案を重ねてきた．結果として，本書の目標としてシンプルに二つのテーマのみを掲げることにした．選んだのは，伝統的なテーマを一つと，前衛的なテーマを一つである．

一つ目の目標は，マルチンゲールの基本事項をまとめつつ，マルチンゲール収束定理の証明をわかりやすく解説することである．実はこの目標を達成している文献はすでに存在する．近年に発刊された比較的入手しやすい和書だけを見渡しても，舟木 (2004) の第 6 章においてマルチンゲールに関する優れた記述があり，マルチンゲール収束定理も（J.L. Doob によるオリジナルなアプローチに沿って）証明されている．これに対し，本書の第 4 章では，非負優マルチンゲールの上向横断数のエレガントな確率評価（Dubins の補題）に基づくアプローチを解説したいと思う．筆者はこのアプローチを Pollard (2002) の教科書から学んだが，D. Pollard 自身は同書の中で，そのアプローチを J. Pitman のケンブリッジにおける古い講義ノートから学んだと言及している．何はともあれ，このアプローチによるマルチンゲール収束定理とその証明を紹介するにあたって，まず第2章でいくぶん推理小説風に問題提起し，新鮮味のある軽快な謎解き風の記述を心がけ，第4章ですべての謎に対する明快な解答を与える[1)]ことにした．多くのあたらしい読者にとって，本腰を入れてマルチンゲールの研究を始めていただく契機となることを願って本書を執筆した．

二つ目の目標は，「確率的最大不等式」と筆者がよんでいる比較的あたらしいマルチンゲールのツールを第5章で紹介し，それが近年爆発的な発展を遂げている高次元統計学の研究のために有用であることを例示することである．具体的には，第6章でダンツィヒ・セレクタ (Dantzig selector, Candès and Tao (2007)) と LASSO (Least Absolute Shrinkage and Selection Operator, Tibshirani (1996)) の解析に応用し，AR(p_n) の高次元モデル（つまり $n \to \infty$ のとき $p_n \to \infty$ となるモデル）において，スパース性の仮定のもとで，それぞれの l_2 一致性を証明する．この部分について，アイデアとしては通常の高次元線形回帰モデルを扱った Bickel *et al.* (2009) に基づいているが，同論文はテクニカルでわかりにくい部分も多いため，執筆にあたっては確率過程の高次元モデルを研究した藤森洸氏の博士論文 (Fujimori, 2019b) の第2章を主として参考にした．本書の出版により，高次元統計学にあたらしい風を吹き込み，同分野にあたらしい研究者をいざなうことができれば，筆者としては至高の喜びである．

なお，本書は読者がルベーグ積分論をひととおり勉強されたことを想定しているが，実際にはむしろ「勉強したことはあるのだが，砂を噛むようでわからなかった」という方々を歓迎する．ルベーグ積分論の概略については付録Aにまとめてあるので，必要に応じて，まずはそちらから読み始めていただきたい．

統計学 One Point シリーズのいわば創成期に本書の出版企画が定まったものの，その後の筆者の遅筆により執筆が滞っていた．結果的には2021年初秋に九州大学数理学府で行ったオンライン形式の集中講義の講

[1)]「基本マルチンゲール」を謎のオブジェクトに見立て，徐々にその正体を解明していくスタイルを採用する．

義ノートに幾ばくかの修正と大幅な加筆を施すことによって本書は完成した．筆者をその集中講義にお招きくださり，ひいては本書完成の契機をもたらしてくださったのは佃康司博士（九州大学）である．佃氏に加えて，藤森洸博士（信州大学）は，本書の草稿を丁寧に読み，数多くの要修正点と貴重なご意見をお知らせくださった．二名の匿名閲読者の先生方からは，本書の仕上げの段階で，数々の貴重なアドバイスを頂戴した．共立出版の菅沼正裕氏からは，出版のプロの立場からのさまざまなコメントに加えて，長期にわたる辛抱強く暖かい激励を継続的に賜った．本シリーズの編集委員長である鎌倉稔成先生（中央大学名誉教授）をはじめ，ここに挙げたすべての方々に，深く感謝申し上げたい．

2024 年 11 月，武蔵野にて

西山陽一

目　次

記号・略号

$\mathbb{R} := (-\infty, \infty)$　実数全体
$\mathbb{Q} := \{\text{rational numbers}\}$　有理数全体
$\mathbb{Z} := \{\text{integers}\}$　整数全体
$\mathbb{N} := \{1, 2, \ldots\}$　正の整数全体
$\mathbb{N}_0 := \{0, 1, 2, \ldots\}$　非負の整数全体
$x \vee y := \max\{x, y\}$
$x \wedge y := \min\{x, y\}$
$x^+ := x \vee 0$
$x^- := (-x) \vee 0$,　もちろん $x = x^+ - x^-$, $|x| = x^+ + x^-$.
$||\mathbf{x}||_q := \left(\sum_i |x_i|^q\right)^{1/q}$,　$\forall \mathbf{x} = (x_1, x_2, \ldots)^\top$,　$\forall q \geq 1$
$||\mathbf{x}||_\infty := \sup_i |x_i|$,　$\forall \mathbf{x} = (x_1, x_2, \ldots)^\top$
$||\mathbf{x}|| := ||\mathbf{x}||_2$

$\forall x \in S$	集合 S に属する任意の元 x に対し
as $n \to \infty$	n を限りなく大きくするとき
$\xrightarrow{\text{a.s.}}$	概収束（定義は 1.3.2 項を参照）
$\xrightarrow{L^p}$	p 次平均収束（同上）
$\xrightarrow{\text{p}}$	確率収束（同上）
$\xrightarrow{\text{d}}$	分布収束（同上）
$1\{A\}$	事象 A が真なら 1，偽なら 0 を返す指示関数
$1_A(x)$	$x \in A$ なら 1，そうでないなら 0 を返す指示関数
P	確率
E	期待値
A^c	集合 A の補集合

第 1 章

マルチンゲール以前の準備

本書で最も重要なキーワードは「マルチンゲール」である．しかしこの章では，マルチンゲールの定義を導入する前に行っておきたい三つの準備をする．

一つ目は，確率変数の種々の可積分性の定義を学び，関係を把握することである．実は本書を通じて最も重要な可積分性の概念は「一様可積分性」であるのだが，1.1 節において，一様可積分性が L^1-有界性よりも強く，任意の $p > 1$ に対する L^p-有界性よりは弱い概念であることを学んでいく．

二つ目は，「条件付き期待値」の定義をなるべく深く正確に「理解」することである．1.2 節では，条件付き期待値の正式な定義を述べたのち，直観的な理解のためのふたとおりの説明（根元事象に立ち戻る説明と，射影の特別な場合とみなす説明）を行う．

三つ目として，1.3 節において，確率論における四種類の収束の定義とそれらの関係の説明，および初学者が陥りやすい誤りに関する注意を与える．本書を読み進めるために必要となる事柄に絞って記述することにする．

1.1 確率変数の族の可積分性

この節では，まず一般的な確率変数の族に関する可積分性の諸概念を列記し，次にそれらの関係をまとめていく．最も重要なのは「一様可積分性」の概念の立ち位置である．これを把握することを目標に次の定理を見ていくことにしよう．

定理 1.1

I は空でない任意の集合であるとする．確率空間 $(\Omega, \mathcal{F}, \mathsf{P})$ 上で定義された確率変数の族 $X = \{X_i\}_{i \in I}$ についての次の命題を考える（ただし $p \geq 1$ とする）．

(a) X は有界である．つまり，ある定数 $K > 0$ が存在して $\sup_{i \in I} |X_i(\omega)| \leq K$ がすべての $\omega \in \Omega$ に対して成立する．

(b) X は L^p-有界である．つまり，$\sup_{i \in I} \mathsf{E}[|X_i|^p] < \infty$ が成立する．

(c) X は一様可積分である．つまり，$\lim_{K \to \infty} \sup_{i \in I} \mathsf{E}[|X_i| 1\{|X_i| > K\}] = 0$ が成立する．

このとき，X がもつ性質の間には，任意の $p \geq q > 1$ について，

$$\text{有界} \Longrightarrow L^p\text{-有界} \Longrightarrow L^q\text{-有界} \Longrightarrow \text{一様可積分} \Longrightarrow L^1\text{-有界}$$

が成立する． ◁

証明 有界 $\Longrightarrow$ L^p-有界 は明らかである．

L^p-有界 $\Longrightarrow$ L^q-有界 はイェンセンの不等式[1)]を用いて示される．

L^q-有界性 $(q > 1)$ を仮定する とき，

$$\begin{aligned}\sup_{i \in I} \mathsf{E}[|X_i| 1\{|X_i| > K\}] &\leq \sup_{i \in I} \mathsf{E}\left[|X_i| \left(\frac{|X_i|}{K}\right)^{q-1} 1\{|X_i| > K\}\right] \\ &\leq \frac{\sup_{i \in I} \mathsf{E}[|X_i|^q]}{K^{q-1}} \to 0, \quad \text{as } K \to \infty,\end{aligned}$$

であるから，一様可積分であることが示された．

[1)] 任意の可積分確率変数 X と任意の下に凸な関数 ψ に対し，$\psi(\mathsf{E}[X]) \leq \mathsf{E}[\psi(X)]$ が成立（**イェンセンの不等式**）．この部分の証明は，$\psi(x) = |x|^{p/q}$ に対して $\psi(\mathsf{E}[|X_i|^q]) \leq \mathsf{E}[\psi(|X_i|^q)] = \mathsf{E}[|X_i|^p]$ となることを用いればよい．

一様可積分性を仮定するとき，不等式

$$\sup_{i\in I}\mathsf{E}[|X_i|] \leq K + \sup_{i\in I}\mathsf{E}[|X_i|1\{|X_i| > K\}]$$

の右辺第二項が 1 より小さくなるような $K > 0$ が存在するので，それを一つ選んで K_* と書くと，右辺は $K_* + 1$ で押さえられる．これで L^1-有界であることが示された． □

1.2 「条件付き期待値」の理解へ向けて

マルチンゲールの定義は，「条件付き期待値」に基づいてなされる．それを正しく理解することは，マルチンゲール理論の学習・研究に不可欠である．この節では，一見すると難解な「条件付き期待値」の定義を，なるべく深く正確に「理解」することを試みよう．

$(\Omega, \mathcal{F}, \mathsf{P})$ は確率空間であるとする．$\mathcal{F}$ の部分 σ-加法族 $\mathcal{G}$，すなわち

$$\{\emptyset, \Omega\} \subset \mathcal{G} \subset \mathcal{F}$$

が与えられたとする．

条件付き期待値について，まずは直観的に説明しよう．条件付き期待値とは，$\mathcal{F}$-可測である実数値確率変数 X が与えられたときに，それをより貧弱な $\mathcal{G}$ に関して可測である実数値確率変数 $\mathsf{E}[X|\mathcal{G}]$ で近似しようという操作のことである．特に $\mathcal{G}$ が自明な σ-加法族 $\{\emptyset, \Omega\}$ である場合には，それは通常の期待値 $\mathsf{E}[X]$ という定数で近似しているということに過ぎない．実は，条件付き期待値とは，いくらか情報をもっている場合にはそれを使ったランダムな近似にしよう——ということを行っているのである．では，条件付き期待値をきちんと定義しよう．

定理 1.2 （条件付き期待値の定義）

X が $\mathcal{F}$-可測である可積分確率変数であるとき，$\mathcal{G}$-可測である可積分確率変数 $\mathsf{E}[X|\mathcal{G}]$ であって

$$\int_G \mathsf{E}[X|\mathcal{G}]d\mathsf{P} = \int_G X d\mathsf{P}, \quad \forall G \in \mathcal{G}, \tag{1.1}$$

(式 (1.1) と同値な表現として， $\mathsf{E}[\mathsf{E}[X|\mathcal{G}]1_G] = \mathsf{E}[X1_G], \quad \forall G \in \mathcal{G}$)

を満たすものがa.s.の意味で一意的に存在する（ここまでが「定理」である）．この $\mathsf{E}[X|\mathcal{G}]$ のことを $\mathcal{G}$ が与えられたもとでの X の**条件付き期待値** (conditional expectation) とよぶ（これが「定義」である）． ◁

一応この定理の証明を書いておくが，とても抽象的な論法なので，これによって理解できた気分にならなくても一向に気にされる必要はない．

証明 $X^+ := X \vee 0$, $X^- := (-X) \vee 0$ とおく．

$$\nu(A) = \int_A X^+ d\mathsf{P}, \quad \forall A \in \mathcal{F},$$

とおくと，この ν は有限測度であり，かつ P に関して絶対連続であるから，ラドン=ニコディムの定理（付録の定理 A.9）により，非負な $\mathcal{G}$-可測関数 f^+ であって

$$\nu(G) = \int_G f^+ d\mathsf{P}, \quad \forall G \in \mathcal{G},$$

を満たすものが P-a.s. の意味[2]で一意的に存在する．同様にして X^- に対応する f^- を構成し，最後に $\mathsf{E}[X|\mathcal{G}] := f^+ - f^-$ とおく．これは要請された条件を満たす． □

では，理解へ向けての努力を徐々に始めよう．イメージを短く説明すれば次のようになる．

- 特に $\mathcal{G} = \{\emptyset, \Omega\}$ であるとき $\mathsf{E}[X|\mathcal{G}] = \mathsf{E}[X]$ である．
- 特に $\mathcal{G} = \mathcal{F}$ であるとき $\mathsf{E}[X|\mathcal{G}] = X$ である．
- 一般に，中間的に $\{\emptyset, \Omega\} \subset \mathcal{G} \subset \mathcal{F}$ であるときには，$\mathcal{F}$-可測であった X を，$\mathcal{G}$-可測である（つまり，よりシンプルである）確率変数に近似したものが $\mathsf{E}[X|\mathcal{G}]$ であると解釈すればよい．

図式化すれば，次のような解釈ができる：

---

[2] この省略表現の意味については付録 A.2 を参照．

$$
\begin{array}{ccccc}
\mathsf{E}[X] & \dashleftarrow & \mathsf{E}[X|\mathcal{G}] & \dashleftarrow & X \\
\{\emptyset, \Omega\}\text{-可測} & & \mathcal{G}\text{-可測} & & \mathcal{F}\text{-可測}
\end{array}
$$

ここで，記号 "$\widetilde{A} \dashleftarrow A$" は「$\widetilde{A}$ は A のもつ情報を縮約したものである」という意味である．数学的表現が好きな読者は「$\widetilde{A}$ は A の（直交）射影である」と読まれたほうがよい（後述の説明 1.4 を参照）．より粗削りでインフォーマルな表現をお好みの読者は，敢えて「$\widetilde{A}$ は，より制限された情報に基づいて A の近似をしたものである」と読まれてもよい（以下の説明 1.3 を参照）．

このことを，もう少し詳しく説明することを試みよう．読者は「σ-加法族 $\mathcal{G}$ は『情報』である」といった説明を受けたご経験があると思われるが，その真意は，「任意の $G \in \mathcal{G}$ に対し，$\omega \in G$ であるか否かが観測者にわかっている」ということであると解釈されたい．

説明 1.3（根元事象に立ち戻った解釈）　例えば $\mathcal{G} = \{\emptyset, A, A^c, \Omega\}$ である場合に，A および A^c のことを便宜的に「根元事象」とよぶことにしよう．もう少し一般的に，$\Omega = A_1 \cup \cdots \cup A_p$ という非交和分割があり，

$$
\mathcal{G} = \{A_1, \ldots, A_p \text{ のいくつかの和の形で表される集合}\}
$$

であるとき，空集合を除いてより小さな分割が不可能な集合（すなわち $A_1, \ldots, A_p$）のことを**根元事象**とよぶことにしよう．このとき，「可測」という概念の定義を思い出すと，$\mathcal{G}$-可測関数というのは各々の根元事象の上で定数になっている関数のことである[3]．条件付き期待値 $\mathsf{E}[X|\mathcal{G}]$ というのは $\mathcal{G}$-可測でなければならないので，各々の根元事象の上で定数になっていなければならない．しかも，「期待値の意味で」X を「近似」していなければならない．つまり，条件付き期待値とは

3) なぜなら，Y が $\mathcal{G}$-可測になるためには任意の $a \in \mathbb{R}$ に対して $\{\omega; Y(\omega) \geq a\} \in \mathcal{G}$ とならなければならないが，ひとつの A_i の上で $Y(\cdot)$ が異なる値 y_1, y_2 をとる場合には $a = (y_1 + y_2)/2$ に対して上記の条件が成り立たないからである．

$$\mathsf{E}[X|\mathcal{G}](\omega) = x_j, \quad \forall\omega \in A_j,\ j = 1, \ldots, p,$$

の形をしていて

$$\sum_{j=1}^{p} x_j \mathsf{P}(G \cap A_j) = \sum_{j=1}^{p} \int_{G \cap A_j} X(\tilde{\omega}) \mathsf{P}(d\tilde{\omega})$$

がすべての $G \in \mathcal{G}$ について成り立つようにする値 $x_1, \ldots, x_p$ から定められる確率変数のことである．特に $G = A_j$ の場合も成り立たなければならないので，

$$x_j \mathsf{P}(A_j) = \int_{A_j} X(\tilde{\omega}) \mathsf{P}(d\tilde{\omega})$$

となる必要があり，$\mathsf{P}(A_j) > 0$ の場合には

$$x_j = \frac{\int_{A_j} X(\tilde{\omega}) \mathsf{P}(d\tilde{\omega})}{\mathsf{P}(A_j)}$$

のように，はっきりした値に定まる．$\mathsf{P}(A_j) = 0$ の場合には x_j の値は一意的に定まらないが，これが「a.s. の意味で一意的に存在」という断り書きが付くゆえんである．結局，

$$\mathsf{E}[X|\mathcal{G}](\omega) = \begin{cases} \dfrac{\int_{A_j} X(\tilde{\omega}) \mathsf{P}(d\tilde{\omega})}{\mathsf{P}(A_j)}, \ \forall\omega \in A_j, \quad \mathsf{P}(A_j) > 0 \text{ のとき}, \\ \text{任意の定数 } x_j, \ \forall\omega \in A_j, \quad \mathsf{P}(A_j) = 0 \text{ のとき}, \end{cases} \quad j = 1, \ldots, p,$$

というのが条件付き期待値の正体である．これは各 A_j 上では定数になっているような階段関数であるが，$\mathcal{G}$ がきめの細かい σ-加法族である場合には $X(\omega)$ の比較的滑らかな（詳しい）近似になる．ランダムに ω をピックアップするとき，与えられた情報が $\mathcal{G}$ であると仮定された場合には，観測者は $X(\omega)$ の値をはっきりとは知らないが，少なくとも ω がどの A_j に入っているかは知っているので，その情報に基づく $X(\omega)$ の近似値 x_j を計算できる．これを条件付き期待値とよんで $\mathsf{E}[X|\mathcal{G}](\omega)$ と書くのであ

る．直観的な説明が可能な例として有限事象の場合を挙げたが，一般的なσ-加法族に関する条件付き期待値の定義も，この直観の延長線上にあるとご理解いただきたい． ■

以上が条件付き期待値の解釈の一つ目の説明である．

ここで，条件付き期待値の性質を列挙しておこう．以下では，現れる確率変数はすべて$(\Omega, \mathcal{F}, \mathsf{P})$上の実数値可積分確率変数であるとし，$\mathcal{G}, \mathcal{H}$は$\mathcal{F}$の部分$\sigma$-加法族であるとする．

- Xが$\mathcal{G}$-可測ならば$\mathsf{E}[X|\mathcal{G}] = X$ a.s.
- $\mathsf{E}[aX + bY|\mathcal{G}] = a\mathsf{E}[X|\mathcal{G}] + b\mathsf{E}[Y|\mathcal{G}]$ a.s.（ただしa, bは定数）
- $X \geq Y$ならば$\mathsf{E}[X|\mathcal{G}] \geq \mathsf{E}[Y|\mathcal{G}]$ a.s.
- **【塔の性質** (tower property)**】** $\mathcal{H} \subset \mathcal{G}$ならば$\mathsf{E}[\mathsf{E}[X|\mathcal{G}]|\mathcal{H}] = \mathsf{E}[X|\mathcal{H}]$ a.s. 特に$\mathsf{E}[\mathsf{E}[X|\mathcal{G}]] = \mathsf{E}[X]$.
- Yが$\mathcal{G}$-可測でYXが可積分ならば$\mathsf{E}[YX|\mathcal{G}] = Y\mathsf{E}[X|\mathcal{G}]$ a.s.

ここまで来たところでアドバイスを一つさせていただく．この節の末尾の演習 1.1 と 1.2 は，条件付き期待値のイメージをつかむ上でとても有益な具体的計算例であるから，この段階で取り組まれることをお勧めする．その上で，条件付き期待値の直観的説明の二つ目である「射影 (projection) としての解釈」についての以下の説明に進まれたい．

説明 1.4（射影としての解釈） 確率空間$(\Omega, \mathcal{F}, \mathsf{P})$と部分$\sigma$-加法族$\mathcal{G} \subset \mathcal{F}$が与えられたとしよう．条件付き期待値の考察の対象となるのは，$V = L^2(\Omega, \mathcal{F}, \mathsf{P})$の元$X$である（本来は$L^1$空間を考えるべきであるが，説明の便宜のため敢えて$L^2$空間に制限している）．この空間に，内積$\langle X, Y \rangle = \mathsf{E}[XY]$を導入する．

ここでVの直和分解$V = W \oplus W^\perp$を考えよう．ただし，$W = \{X \in V : X$は$\mathcal{G}$-可測$\}$はVの閉部分空間であり，$W^\perp$はその直交補空間である．

写像$P : V \to W$が，$X \in V$を$P(X) = \mathsf{E}[X|\mathcal{G}] \in W$に写すものであるとき，$P$は**射影** (projection) になっている．実際，明らかに冪等性

$P^2 = P$ が成り立つ．また，直和分解 $X = \mathsf{E}[X|\mathcal{G}] + (X - \mathsf{E}[X|\mathcal{G}])$ は，実際には直交和となっている：

$$\begin{aligned}\langle \mathsf{E}[X|\mathcal{G}], (X - \mathsf{E}[X|\mathcal{G}])\rangle &= \mathsf{E}[\mathsf{E}[X|\mathcal{G}](X - \mathsf{E}[X|\mathcal{G}])] \\ &= \mathsf{E}[\mathsf{E}[\mathsf{E}[X|\mathcal{G}](X - \mathsf{E}[X|\mathcal{G}])|\mathcal{G}]] \\ &= \mathsf{E}[\mathsf{E}[X|\mathcal{G}]\mathsf{E}[(X - \mathsf{E}[X|\mathcal{G}])|\mathcal{G}]] \\ &= \mathsf{E}[\mathsf{E}[X|\mathcal{G}] \cdot 0] \\ &= 0.\end{aligned}$$

この考察をさらに深めよう．上の式の左辺の内積における第一引数を，任意の $\mathcal{G}$-可測関数 Y に置き換えても，同様の計算により，

$$\langle Y, (X - \mathsf{E}[X|\mathcal{G}])\rangle = 0$$

となることは容易に気付くであろう．つまり，条件付き期待値をとるという演算 P は，

$$\langle Y, (X - P(X))\rangle = 0 \quad \text{が任意の } \mathcal{G}\text{-可測関数 } Y \text{ について成立}$$

という条件を満たすものなのである．一般性を減ずることなく，Y たちのところを 1_G たち（ただし $G \in \mathcal{G}$）に置き換えて

$$\mathsf{E}[1_G(X - P(X))] = 0, \quad \text{すなわち,} \quad \mathsf{E}[X1_G] = \mathsf{E}[P(X)1_G], \quad \forall G \in \mathcal{G},$$

と変形できる．思い返せば，これが条件付き期待値を定義した定理 1.2 において要請した等式 (1.1) であった．

まとめると，X の $\mathcal{G}$ に関する条件付き期待値をとるという操作は，部分空間 W（つまり $\mathcal{G}$-可測確率変数の空間）への X の直交射影を求めていることに他ならない，と解釈することができる． ■

以上が条件付き期待値の二つ目の説明である．

さて次に，解析学でよく知られた不等式について，それぞれの条件付き期待値ヴァージョンが用意されていることを紹介しよう．

- **【イェンセンの不等式** (Jensen's inequality)**】** φ が下に凸ならば

$$\varphi(\mathsf{E}[X|\mathcal{G}]) \leq \mathsf{E}[\varphi(X)|\mathcal{G}] \quad \text{a.s.}$$

が成り立つ.

- **【ヘルダーの不等式** (Hölder's inequality)**】** $p > 1$, $\frac{1}{p} + \frac{1}{q} = 1$ とし, $\mathsf{E}[|X|^p] < \infty$ かつ $\mathsf{E}[|Y|^q] < \infty$ であるならば

$$\mathsf{E}[|XY||\mathcal{G}] \leq (\mathsf{E}[|X|^p|\mathcal{G}])^{1/p}(\mathsf{E}[|Y|^q|\mathcal{G}])^{1/q} \quad \text{a.s.}$$

が成り立つ. 特に $p = 2$ のときは**コーシー=シュワルツ不等式** (Cauchy-Schwarz inequality) とよばれる.

- **【ミンコウスキーの不等式** (Minkowski's inequality)**】** $p \geq 1$ とし, $\mathsf{E}[|X|^p] < \infty$ かつ $\mathsf{E}[|Y|^p] < \infty$ であるならば

$$(\mathsf{E}[|X+Y|^p|\mathcal{G}])^{1/p} \leq (\mathsf{E}[|X|^p|\mathcal{G}])^{1/p} + (\mathsf{E}[|Y|^p|\mathcal{G}])^{1/p} \quad \text{a.s.}$$

が成り立つ.

この節を終えるにあたって, 条件付き期待値の族の一様可積分性を導出するための重要な補題を紹介しよう. 証明は演習問題とする.

補題 1.5

確率空間 $(\Omega, \mathcal{F}, \mathsf{P})$ 上の任意の可積分確率変数 Z に対し, 確率変数の族

$$\{\mathsf{E}[Z|\mathcal{G}] : \mathcal{G} \text{ は } \mathcal{F} \text{ の部分 } \sigma\text{-加法族}\}$$

は, 一様可積分である. ◁

演習 1.1 $X_1, X_2, \ldots, X_n$ は同一の確率空間上で定義された独立同一分布に従う確率変数であるとし, $\mathsf{E}[X_1] = 0$ と $\mathsf{E}[X_1^2] = \sigma^2 < \infty$ を仮定する. $\mathcal{G}_j = \sigma(X_1, \ldots, X_j)$, $j = 1, 2, \ldots, n$, とおく.

(i) $\mathsf{E}[(X_1 + X_2)^2]$ と $\mathsf{E}[(X_1 + X_2)^2|\mathcal{G}_1]$ をそれぞれ求めよ.

(ii) $\mathsf{E}[(X_1 + \cdots + X_n)^2]$ と $\mathsf{E}[(X_1 + \cdots + X_n)^2|\mathcal{G}_j]$, $j = 1, 2, \ldots, n$, をそれぞれ求めよ.

演習 1.2 $X_1, X_2, \ldots$ は同一の確率空間上で定義された（必ずしも独立とは限らない）確率変数の列であるとし，$\mathsf{E}[X_j|\mathcal{G}_{j-1}] = 1$，$j = 1, 2, \ldots$，であることを仮定する．ただし $\mathcal{G}_0 = \{\emptyset, \Omega\}$ および $\mathcal{G}_j = \sigma(X_1, \ldots, X_j)$，$j = 1, 2, \ldots$，とおく．$n \in \mathbb{N}$ に対して $L_n = \prod_{k=1}^n X_k$ とおくとき，$\mathsf{E}[L_n|\mathcal{G}_j]$，$j = 0, 1, 2, \ldots, n$，を求めよ．

演習 1.3 補題 1.5 を証明せよ．（マルコフの不等式[4]を用いよ．やや難であるが重要）

1.3 確率的収束理論の抜粋

この節では，確率が絡んださまざまな極限定理のうち，本書を読むにあたって必要となる二つのポイントに絞って，誤りやすい点の指摘や簡潔なまとめを与えておく．確率的収束理論の包括的な解説については，他に良書も多いのでそちらを参照されたい（和書では，舟木 (2004) や清水 (2021) をお薦めする）．

1.3.1 事象や確率変数の単調列についての注意

まず，測度論のはじめのほうで出てくる重要な性質を復習しよう．確率空間 $(\Omega, \mathcal{F}, \mathsf{P})$ における事象の列 $(A_n)_{n\in\mathbb{N}}$（ただしすべての $n \in \mathbb{N}$ に対し $A_n \in \mathcal{F}$）が単調であるとする．すなわち，

$$A_1 \subset A_2 \subset \cdots \quad \text{（単調増加）}$$

あるいは

$$A_1 \supset A_2 \supset \cdots \quad \text{（単調減少）}$$

が満たされているとする．このいずれの場合でも

$$\lim_{n\to\infty} \mathsf{P}(A_n) = \mathsf{P}\left(\lim_{n\to\infty} A_n\right)$$

[4] 任意の非負確率変数 X と定数 $\lambda > 0$ に対し $\mathsf{P}(X \geq \lambda) \leq \mathsf{E}[X]/\lambda$ が成立（**マルコフの不等式**）．証明は $\mathsf{P}(X \geq \lambda) \leq \mathsf{E}[\frac{X}{\lambda} 1\{X \geq \lambda\}] \leq \mathsf{E}[\frac{X}{\lambda}]$ とすればよい．

が成り立つ[5)]．

これを念頭に，次の問題を考えてみていただきたい．単調非減少である実数値確率変数列 $X_1, X_2, \ldots$ と，定数 $c \in \mathbb{R}$ が与えられたとする．このとき

$$\lim_{n\to\infty} \mathsf{P}(X_n > c) = \mathsf{P}\left(\lim_{n\to\infty} X_n > c\right) \tag{1.2}$$

は常に正しいが，意外（？）なことに

$$\lim_{n\to\infty} \mathsf{P}(X_n \geq c) = \mathsf{P}\left(\lim_{n\to\infty} X_n \geq c\right) \tag{1.3}$$

は必ずしも正しくない．後者への反例としては，定数列 $X_n = c - (1/n)$ が挙げられる．つまり，(1.3) の左辺は

$$\lim_{n\to\infty} \mathsf{P}(X_n \geq c) = \lim_{n\to\infty} \mathsf{P}\left(c - \frac{1}{n} \geq c\right) = \lim_{n\to\infty} 0 = 0$$

と計算されるが，右辺は

$$\mathsf{P}\left(\lim_{n\to\infty} X_n \geq c\right) = \mathsf{P}(c \geq c) = 1$$

となる．よって (1.3) における等号は正しくない．

このパラドックス（？）の原因は，事象列 $(A_n)_{n\in\mathbb{N}}$ の収束と確率変数列 $(X_n)_{n\in\mathbb{N}}$ の収束を混同した点にある．事象列の書き方に基づけば，(1.2) では

$$\lim_{n\to\infty}\{X_n > c\} = \bigcup_{n=1}^{\infty}\{X_n > c\} = \left\{\lim_{n\to\infty} X_n > c\right\}$$

が正しいのに対し，(1.3) に関しては

$$\lim_{n\to\infty}\{X_n \geq c\} = \bigcup_{n=1}^{\infty}\{X_n \geq c\} \subset \left\{\lim_{n\to\infty} X_n \geq c\right\}$$

[5)] 集合列の極限 $\lim_{n\to\infty} A_n$ の定義は一般的にはそれほど自明ではないが，特に単調増加列の場合には $\lim_{n\to\infty} A_n = \bigcup_{n=1}^{\infty} A_n$，単調減少列の場合には $\lim_{n\to\infty} A_n = \bigcap_{n=1}^{\infty} A_n$ であることを復習されたい．

であることしか成り立たないのである．したがって，(1.3) を正しく書き改めるためには

$$\lim_{n\to\infty} \mathsf{P}(X_n \geq c) \leq \mathsf{P}\left(\lim_{n\to\infty} X_n \geq c\right) \tag{1.4}$$

とすればよい．これならば正しい．

1.3.2　各種の確率的収束の関係についての注意

確率空間 $(\Omega, \mathcal{F}, \mathsf{P})$ 上で定義された確率変数の列 $(X_n)_{n\in\mathbb{N}}$ および確率変数 X_∞ について，以下のような定義を行い，それらの性質を調べていこう．

定義 1.6

(a) $A = \{\omega : \lim_{n\to\infty} X_n(\omega) = X_\infty(\omega)\}$ に対して $\mathsf{P}(A) = 1$ が満たされるとき，X_n は X_∞ に**概収束** (almost sure convergence) するといい，$X_n \xrightarrow{\text{a.s.}} X_\infty$ と記す．

(b) 定数 $p \geq 1$ に対し $\lim_{n\to\infty} \mathsf{E}[|X_n - X_\infty|^p] = 0$ が満たされるとき，X_n は X_∞ に p 次**平均収束** (convergence in the p-th mean) するといい，$X_n \xrightarrow{L^p} X_\infty$ と記す．

(c) 任意の $\varepsilon > 0$ に対し $\lim_{n\to\infty} \mathsf{P}(|X_n - X_\infty| > \varepsilon) = 0$ が満たされるとき，X_n は X_∞ に**確率収束** (convergence in probability) するといい，$X_n \xrightarrow{\text{p}} X_\infty$ と記す．

(d) 任意の有界連続関数 $f : \mathbb{R} \to \mathbb{R}$ に対し $\lim_{n\to\infty} \mathsf{E}[f(X_n)] = \mathsf{E}[f(X_\infty)]$ が満たされるとき，X_n は X_∞ に**分布収束** (convergence in distribution) するといい，$X_n \xrightarrow{\text{d}} X_\infty$ と記す． ◀

定理 1.7

上記の定義 1.6 において，次が成り立つ．

(i) “$X_n \xrightarrow{\text{a.s.}} X_\infty$” ならば “$X_n \xrightarrow{\text{p}} X_\infty$”.

(ii) 任意の $p \geq 1$ に対し，“$X_n \xrightarrow{L^p} X_\infty$” ならば “$X_n \xrightarrow{\text{p}} X_\infty$”.

(iii) “$X_n \xrightarrow{\mathrm{p}} X_\infty$” ならば “$X_n \xrightarrow{\mathrm{d}} X_\infty$”.

特に極限 X_∞ が定数 c であるときには，次が成り立つ.

(iii′) “$X_n \xrightarrow{\mathrm{p}} c$” と “$X_n \xrightarrow{\mathrm{d}} c$” は同値. ◁

証明 (i) を示すには $\mathsf{P}(|X_n - X_\infty| > \varepsilon) = \mathsf{E}[1\{|X_n - X_\infty| > \varepsilon\}]$ と書き直して有界収束定理を適用すればよい.

(ii) は

$$\begin{aligned}\mathsf{P}(|X_n - X_\infty| > \varepsilon) &\leq \mathsf{E}\left[\frac{|X_n - X_\infty|^p}{\varepsilon^p} 1\{|X_n - X_\infty| > \varepsilon\}\right] \\ &\leq \frac{\mathsf{E}[|X_n - X_\infty|^p]}{\varepsilon^p}\end{aligned}$$

からすぐに示すことができる.

(iii) と (iii′) については，分布収束は本書の主題から外れるので，省略する. □

上記の定理の (i) や (ii) の逆命題についても，無条件には真ではないが，少なくとも次の二つのことはよく知られている．この種の逆命題についてはさまざまなヴァリエーションがあるので，興味のある読者は舟木 (2004) 等で学習されたい.

定理 1.8

確率変数列 $(X_n)_{n\in\mathbb{N}}$ と確率変数 X_∞ について，

$$X_n \xrightarrow{\mathrm{p}} X_\infty, \quad \text{as } n \to \infty,$$

であるならば，ある部分列 $(X_{n_j})_{j\in\mathbb{N}}$ が存在して，

$$X_{n_j} \xrightarrow{\mathrm{a.s.}} X_\infty, \quad \text{as } j \to \infty,$$

が成り立つ. ◁

定理 1.9

可積分確率変数の列 $(X_n)_{n\in\mathbb{N}}$ に対し，次の二つの命題を考える.

(a) 列 $(X_n)_{n\in\mathbb{N}}$ が一様可積分で，かつ，ある確率変数 X_∞ が存在して

$$X_n \xrightarrow{\mathrm{P}} X_\infty, \quad \text{as } n \to \infty.$$

(b) ある確率変数 X_∞ が存在して

$$X_n \xrightarrow{L^1} X_\infty, \quad \text{as } n \to \infty.$$

このとき，次が成り立つ.

(i) (a) あるいは (b) のいずれのもとでも，そこに現れる確率変数 X_∞ は必然的に可積分である.

(ii) (a) と (b) は同値である. ◁

演習 1.4 定理 1.8 を証明せよ.（ボレル=カンテリの補題[6]を用いよ．やや難）

演習 1.5 定理 1.9 (i) を証明せよ.（基本的）

演習 1.6 定理 1.9 (ii) の (a) ⇒ (b) を証明せよ.（基本的かつ重要）

演習 1.7 定理 1.9 (ii) の (b) ⇒ (a) を証明せよ.（やや難）

---

[6] $E_1, E_2, \ldots$ がある確率空間の事象の列であるとき，もしも $\sum_{n=1}^{\infty} \mathsf{P}(E_n) < \infty$ であるならば，これらの事象が無限回起こる確率は 0 である（**ボレル=カンテリの補題**）. この証明は次のとおり：$\mathsf{E}\left(\sum_{n=1}^{\infty} 1_{E_n}\right) = \sum_{n=1}^{\infty} \mathsf{P}(E_n) < \infty$ であることから $\mathsf{P}\left(\sum_{n=1}^{\infty} 1_{E_n} = \infty\right) = 0$ がわかり，無限個の n で E_n が起こる確率は 0 である.

第 2 章

マルチンゲールのプロローグ

この章ではまず，マルチンゲールに関連する諸定義を（やや不本意ながら抽象的に）与える．次に，「マルチンゲール」と「マルチンゲール差分列」の関係をはっきりさせ，いくつかの具体例を挙げることにより，マルチンゲールのイメージを膨らませていく．

この章の後半では，マルチンゲールの構成法のうち最も基本となるものを紹介する．そして，いくつかの定理の紹介を交えつつ，読者の脳裏に湧き起こってくる（であろう）疑問を列記する．それらの疑問は，本書の後の章で議論・解決していくことになる．

2.1 マルチンゲールの定義と例

以下，$\mathbb{N} = \{1, 2, \ldots\}$，$\mathbb{N}_0 = \{0, 1, 2, \ldots\}$ と記す．

まず，本書（のほぼすべての部分）を通じた共通のセットアップから述べる．

[セットアップ] $(\Omega, \mathcal{F}, \mathsf{P})$ は確率空間であるとし，$(\mathcal{F}_n)_{n \in \mathbb{N}_0}$ は $\mathcal{F}$ の上の **フィルトレーション** (filtration) であるとする．すなわち，各 $\mathcal{F}_n$ は σ-加法族であり，かつ

$$\mathcal{F}_0 \subset \mathcal{F}_1 \subset \mathcal{F}_2 \subset \cdots \subset \mathcal{F}$$

が満たされているものとする．このような四つ組 $(\Omega, \mathcal{F}, (\mathcal{F}_n)_{n\in\mathbb{N}_0}, \mathsf{P})$ のことを**確率基** (stochastic basis) とよぶ．本書のほとんどの部分において，確率基がひとつ与えられている状況を考える（例外は 5.3.4 項のみ）．

[約束] $\mathcal{F}_{-1}$ が現れたときには，本書では，$\mathcal{F}_{-1} = \mathcal{F}_0$ と約束する．

以下で定義するように，マルチンゲールは確率変数の列の一種である．確率変数の列のことを**確率過程** (stochastic process) というが，その正確な定義およびいくつかの特別な確率過程の定義を準備してから，マルチンゲールの話に入ろう．

定義 2.1

各 $n \in \mathbb{N}_0$ に対し，写像 $X_n : \Omega \to \mathbb{R}$ を考える．$(X_n)_{n\in\mathbb{N}_0}$ が：

(i) **確率過程**である $\overset{\text{def}}{\Longleftrightarrow}$ 各 X_n が $\mathcal{F}$-可測である；

(ii) **適合過程** (adapted process) である $\overset{\text{def}}{\Longleftrightarrow}$ 各 X_n が $\mathcal{F}_n$-可測である；

(iii) **可予測過程** (predictable process) である $\overset{\text{def}}{\Longleftrightarrow}$ 各 X_n が $\mathcal{F}_{n-1}$-可測である；

(iv) **増加過程** (increasing process) である $\overset{\text{def}}{\Longleftrightarrow}$ 確率過程であって $0 = X_0(\omega) \le X_1(\omega) \le X_2(\omega) \le \cdots$ がすべての $\omega \in \Omega$ について満たされる． ◀

注意 2.2
増加過程の定義では，それが（a.s.ではなく）すべての ω について非減少であること，そして原点から出発すること $(X_0 = 0)$ を要請していることに注意されたい．

余談であるが，フィルトレーション $(\mathcal{F}_n)_{n\in\mathbb{N}_0}$ が**完備** (complete) であるとは，

$$\{A \in \mathcal{F} : \mathsf{P}(A) = 0\} \subset \mathcal{F}_0$$

が満たされるときにいう．ただし，本書では完備性を仮定しない．完備

性の有無は，例えば次のような場面で重要になる．

- $(X_n)_{n\in\mathbb{N}_0}$ が増加過程であるとき，

$$\tau = \min(n : X_n \geq c)$$

  はすべての $\omega \in \Omega$ で well-defined である．

- $(X_n)_{n\in\mathbb{N}_0}$ が a.s.の意味で非減少な確率過程であるとき，

$$\tau = \min(n : X_n \geq c)$$

  は，a.s. ω でしかうまく定義できない．しかし，「完備性」を仮定すれば，議論を進めることが可能となる．

では，いよいよマルチンゲールの定義を述べよう．

定義 2.3

確率過程 $(X_n)_{n\in\mathbb{N}_0}$ が

(a) 適合過程であり，
(b) 各 X_n が可積分であり（つまり $\mathsf{E}[|X_n|] < \infty$ であり），
(c) $\mathsf{E}[X_n|\mathcal{F}_{n-1}] = X_{n-1}$ a.s., $\forall n \in \mathbb{N}$,

を満たすとき，**マルチンゲール** (martingale) であるという．

より一般的に，(c) のかわりに

(c_1) $\mathsf{E}[X_n|\mathcal{F}_{n-1}] \geq X_{n-1}$ a.s., $\forall n \in \mathbb{N}$,

を満たすとき，**劣マルチンゲール** (submartingale) であるといい，

(c_2) $\mathsf{E}[X_n|\mathcal{F}_{n-1}] \leq X_{n-1}$ a.s., $\forall n \in \mathbb{N}$,

を満たすとき，**優マルチンゲール** (supermartingale) であるという．◀

本書では，

- マルチンゲールを $(M_n)_{n\in\mathbb{N}_0}$，

- 劣マルチンゲールを $(\hat{S}_n)_{n\in\mathbb{N}_0}$,
- 優マルチンゲールを $(\check{S}_n)_{n\in\mathbb{N}_0}$

と記すことが多い.

マルチンゲールの可積分性に関して，例えば「一様可積分マルチンゲール」とは，$M = (M_n)_{n\in\mathbb{N}_0}$ がマルチンゲールであって，かつ，確率変数の族として（つまり定理 1.1 の記号でいえば $I = \mathbb{N}_0$ として）一様可積分であるときにいう．他の用語の定義も同様である．したがって，定理 1.1 を用いれば，次のような関係が得られる：任意の $p \geq q > 1$ に対し,

$$
\begin{aligned}
&\{\text{有界マルチンゲール}\}\\
&\quad\subset \{L^p\text{-有界マルチンゲール}\}\\
&\quad\subset \{L^q\text{-有界マルチンゲール}\}\\
&\quad\subset \{\text{一様可積分マルチンゲール}\}\\
&\quad\subset \{L^1\text{-有界マルチンゲール}\}\\
&\quad\subset \{\text{マルチンゲール}\}.
\end{aligned}
$$

ここで新たに,「マルチンゲール差分列」の定義を導入し，それと「マルチンゲール」との関係をはっきりさせよう.

定義 2.4

確率過程 $(\xi_n)_{n\in\mathbb{N}}$ が**マルチンゲール差分列** (martingale difference sequence) であるとは，各 ξ_n が可積分かつ $\mathcal{F}_n$-可測であり，かつ

$$
\mathsf{E}[\xi_n|\mathcal{F}_{n-1}] = 0 \text{ a.s.}, \quad \forall n \in \mathbb{N},
$$

が成り立つときにいう. ◀

注意 2.5

マルチンゲール（および，劣マルチンゲールや優マルチンゲール）の添字集合が $\mathbb{N}_0 = \{0, 1, 2, \ldots\}$ であるのに対し，マルチンゲール差分列の添字集合は $\mathbb{N} = \{1, 2, \ldots\}$ であることに注意されたい.

定理 2.6

(i) マルチンゲール差分列 $(\xi_n)_{n\in\mathbb{N}}$ と $\mathcal{F}_0$-可測である可積分確率変数 M_0 が与えられたとき，

$$M_n = M_0 + \sum_{k=1}^{n} \xi_k, \quad \forall n \in \mathbb{N},$$

とおけば，$(M_n)_{n\in\mathbb{N}_0}$ はマルチンゲールになる．

(ii) マルチンゲール $(M_n)_{n\in\mathbb{N}_0}$ が与えられたとき，

$$\xi_n = M_n - M_{n-1}, \quad \forall n \in \mathbb{N},$$

とおけば，$(\xi_n)_{n\in\mathbb{N}}$ はマルチンゲール差分列になる． $\lhd$

この定理の証明は演習問題とするが，実際のところ，いずれもほぼ明らかな事実である．

ここで，マルチンゲールの例を六つ見てみよう．

【例 2.7】 $Y_1, Y_2, \ldots$ は，独立ではあるが同一分布に従うとは限らない可積分確率変数列であるとし，すべての $k \in \mathbb{N}$ に対し $\mathsf{E}[Y_k] = 0$ であることを仮定する．

$$M_0 = 0 \quad \text{および} \quad M_n = \sum_{k=1}^{n} Y_k, \quad \forall n \in \mathbb{N},$$

とおき，フィルトレーション $(\mathcal{F}_n)_{n\in\mathbb{N}_0}$ を

$$\mathcal{F}_0 = \{\emptyset, \Omega\} \quad \text{および} \quad \mathcal{F}_n = \sigma(Y_1, \ldots, Y_n), \quad \forall n \in \mathbb{N}, \tag{2.1}$$

のように入れると，$(M_n)_{n\in\mathbb{N}_0}$ は原点から出発するマルチンゲールになる．

【例 2.8】 $U_1, U_2, \ldots$ は，独立ではあるが同一分布に従うとは限らない非負可積分確率変数列であるとし，すべての $k \in \mathbb{N}$ に対し $\mathsf{E}[U_k] = 1$ であることを仮定する．

$$M_0 = 1 \quad \text{および} \quad M_n = \prod_{k=1}^{n} U_k, \quad \forall n \in \mathbb{N},$$

とおき，フィルトレーション $(\mathcal{F}_n)_{n\in\mathbb{N}_0}$ を

$$\mathcal{F}_0 = \{\emptyset, \Omega\} \quad \text{および} \quad \mathcal{F}_n = \sigma(U_1, \ldots, U_n), \quad \forall n \in \mathbb{N},$$

のように入れると，$(M_n)_{n\in\mathbb{N}_0}$ は1から出発する非負マルチンゲールになり，かつ L^1-有界である．

【例 2.9】 f, g を $\mathbb{R}$ 上の密度関数であるとし，$f(x) > 0$, $\forall x \in \mathbb{R}$, を仮定する．$Y_1, Y_2, \ldots$ は，密度関数 f をもつ独立な確率変数列であるとし，

$$L_0 = 1 \quad \text{および} \quad L_n = \prod_{k=1}^{n} \frac{g(Y_k)}{f(Y_k)}, \quad \forall n \in \mathbb{N},$$

とおく．このとき，フィルトレーション $(\mathcal{F}_n)_{n\in\mathbb{N}_0}$ を (2.1) のように入れると，$(L_n)_{n\in\mathbb{N}_0}$ は非負マルチンゲールとなり，かつ L^1-有界である．

【例 2.10】 定数 $p \in (0,1)$ が与えられたとする．$Y_1, Y_2, \ldots$ は独立同一分布に従う確率変数列であって，すべての $k \in \mathbb{N}$ に対し

$$Y_k = \begin{cases} 1, & \text{確率 } p, \\ -1, & \text{確率 } 1-p \end{cases}$$

が満たされるものであるとする．

$$M_0 = 1 \quad \text{および} \quad M_n = \left(\frac{1-p}{p}\right)^{\sum_{k=1}^{n} Y_k}, \quad \forall n \in \mathbb{N},$$

とおき，フィルトレーション $(\mathcal{F}_n)_{n\in\mathbb{N}_0}$ を (2.1) のように入れると，$(M_n)_{n\in\mathbb{N}_0}$ は1から出発する非負マルチンゲールとなり，かつ L^1-有界である．この例に関するさらなる考察は4.4節において行う．

【例 2.11】 原点から出発する[1]マルチンゲール $(M_n)_{n\in\mathbb{N}_0}$ であって各 M_n^2 が可積分（つまり $\mathsf{E}[M_n^2] < \infty$）であるものが与えられたとき，

$$(M_n^2 - V_n)_{n\in\mathbb{N}_0}$$

も原点から出発するマルチンゲールである．ただし，

$$V_0 = 0 \quad \text{および} \quad V_n = \sum_{k=1}^{n}(M_k - M_{k-1})^2, \quad \forall n \in \mathbb{N},$$

とおく．

【例 2.12】 例 2.11 と同じ条件を満たすマルチンゲール $(M_n)_{n\in\mathbb{N}_0}$ が与えられたとき，

$$(M_n^2 - \tilde{V}_n)_{n\in\mathbb{N}_0}$$

も原点から出発するマルチンゲールである．ただし，

$$\tilde{V}_0 = 0 \quad \text{および} \quad \tilde{V}_n = \sum_{k=1}^{n} \mathsf{E}[(M_k - M_{k-1})^2|\mathcal{F}_{k-1}], \quad \forall n \in \mathbb{N},$$

とおく．

演習 2.1 定理 2.6 を丁寧に証明せよ．

演習 2.2 例 2.7〜例 2.12 における主張を証明せよ．

演習 2.3 p を正の整数とし，$(M_n^{(1)})_{n\in\mathbb{N}_0}, \ldots, (M_n^{(p)})_{n\in\mathbb{N}_0}$ は同一の確率基の上で定義されたマルチンゲールであるとする．このとき，

(a) 任意の定数 $a_1, \ldots, a_p$ に対し，$(\sum_{i=1}^{p} a_i M_n^{(i)})_{n\in\mathbb{N}_0}$ はマルチンゲール，
(b) $(\max_{1\le i\le p} M_n^{(i)})_{n\in\mathbb{N}_0}$ は劣マルチンゲール，
(c) $(\min_{1\le i\le p} M_n^{(i)})_{n\in\mathbb{N}_0}$ は優マルチンゲール

である．これらを証明せよ．

---

[1] 確率過程 $(X_n)_{n\in\mathbb{N}_0}$ が**原点から出発する**とは，$X_0 = 0$ であるときにいう．

演習 2.4 $(M_n)_{\in\mathbb{N}_0}$ がマルチンゲールであるとき,

(a) $(|M_n|)_{n\in\mathbb{N}_0}$,
(b) $(M_n^+)_{n\in\mathbb{N}_0}$,
(c) $(M_n^-)_{n\in\mathbb{N}_0}$

はいずれも劣マルチンゲールである(ただし $M_n^+ := M_n \vee 0$, $M_n^- := (-M_n) \vee 0$). これらを証明せよ.

2.2 「基本マルチンゲール」と目標の提起

次のマルチンゲールの構成法は, 本書の多くの議論の出発点になる.

定理 2.13 (基本マルチンゲール)
可積分確率変数 Z とフィルトレーション $(\mathcal{F}_n)_{n\in\mathbb{N}_0}$ が与えられたとき,

$$M_n = \mathsf{E}[Z|\mathcal{F}_n] \quad \text{a.s.}, \quad \forall n \in \mathbb{N}_0,$$

とおけば, $(M_n)_{n\in\mathbb{N}_0}$ はマルチンゲールになる. この形をした確率過程を本書では, **基本マルチンゲール**とよぶ. ◁

注意 2.14
「基本マルチンゲール」は学術的に広く受け入れられている用語ではない. よって, 特に公的な場での使用には注意を要する.

証明 各 $n \in \mathbb{N}_0$ に対し, M_n は定義から $\mathcal{F}_n$-可測であり, また

$$\mathsf{E}[|M_n|] = \mathsf{E}[|\mathsf{E}[Z|\mathcal{F}_n]|] \le \mathsf{E}[\mathsf{E}[|Z||\mathcal{F}_n]] = \mathsf{E}[|Z|] < \infty$$

であるから可積分である. さらに, 各 $n \in \mathbb{N}$ に対し, 条件付き期待値の「塔の性質」を用いて

$$\mathsf{E}[M_n|\mathcal{F}_{n-1}] = \mathsf{E}[\mathsf{E}[Z|\mathcal{F}_n]|\mathcal{F}_{n-1}] = \mathsf{E}[Z|\mathcal{F}_{n-1}] = M_{n-1} \quad \text{a.s.}$$

である. □

さて, この「基本マルチンゲール」という概念は, どの程度, 広い(あ

るいは狭い）のであろうか？　この問題を考える際には，次のような疑問が真っ先に湧き起こるであろう．

疑問 2.15　基本マルチンゲールは L^1-有界である（これを証明せよ：演習 2.6）．では L^1-有界マルチンゲールは，必ず基本マルチンゲールであろうか？　（この疑問への結論じたいは演習 2.8 で予告するが，解説は 4.4 節で与える．）

疑問 2.16　一様可積分マルチンゲールは L^1-有界である（定理 1.1 から明らかである）．では L^1-有界マルチンゲールは，必ず一様可積分マルチンゲールであろうか？　（この疑問は，実は上述の疑問 2.15 と同値である．以下の系 2.21 を見よ．）

ここで，本書の核心部分のひとつとも言える定理を紹介しよう．証明は 4.3 節で与えられる．

定理 2.17　（マルチンゲール収束定理 (I)）

任意の L^1-有界マルチンゲール $(M_n)_{n\in\mathbb{N}_0}$ に対し，ある可積分確率変数 M_∞ が存在して

$$M_n \xrightarrow{\text{a.s.}} M_\infty, \quad \text{as } n \to \infty,$$

が成り立つ． $\lhd$

この定理をひとまず認めると，上記の疑問 2.15 に対する次のような肯定的な解答（？）が得られるように思えるかもしれない．読者諸氏は，下記の議論をどのように分析されるであろうか？

疑問 2.18（疑問 2.15 への解答？）　L^1-有界であるマルチンゲール $(M_n)_{n\in\mathbb{N}_0}$ に対し，定理 2.17 より

$$M_{n+m} \xrightarrow{\text{a.s.}} M_\infty, \quad \text{as } m \to \infty,$$

であるから，

$$M_n = \mathsf{E}[M_{n+m}|\mathcal{F}_n] \quad \text{a.s.}, \quad \forall m \in \mathbb{N},$$

を用いて

$$\begin{aligned} M_n &= \lim_{m\to\infty} \mathsf{E}[M_{n+m}|\mathcal{F}_n] \quad \text{a.s.} \\ &\stackrel{?}{=} \mathsf{E}\left[\lim_{m\to\infty} M_{n+m}\middle|\mathcal{F}_n\right] \quad \text{a.s.} \\ &= \mathsf{E}[M_\infty|\mathcal{F}_n] \quad \text{a.s.} \end{aligned}$$

が得られる（としてよいか？） もしこの議論が正しければ，「L^1-有界マルチンゲール $\Longrightarrow$ 基本マルチンゲール」が導かれたことになるが……（この議論の正否は，4.4 節で解説される.）

ここで，やはり本書の中核にあたるもうひとつの定理を紹介しよう．定理 2.17 と比べて，「L^1-有界マルチンゲール」の仮定が「一様可積分マルチンゲール」に強められていることに注意しよう（もちろん，結論はよりリッチになる）．証明は 4.4 節で与えられる.

定理 2.19 （マルチンゲール収束定理 (II)）

任意の一様可積分マルチンゲール $(M_n)_{n\in\mathbb{N}_0}$ に対し，ある可積分確率変数 M_∞ が存在して

$$M_n \xrightarrow{\text{a.s.}} M_\infty, \quad \text{as } n \to \infty,$$

$$\lim_{n\to\infty} \mathsf{E}[|M_n - M_\infty|] = 0,$$

$$M_n = \mathsf{E}[M_\infty|\mathcal{F}_n] \quad \text{a.s.}, \quad \forall n \in \mathbb{N}_0,$$

が成り立つ. ◁

この定理をひとまず認めると，一様可積分マルチンゲールは必ず基本マルチンゲールであることが直ちにわかる．そこで，次に湧き起こるのは次の疑問であろう.

疑問 2.20 基本マルチンゲールは，必ず一様可積分マルチンゲールであろうか？

実は，この疑問は補題 1.5 を用いると，すぐに肯定的に解決される．よって次の系が得られる．

系 2.21

基本マルチンゲールであることと，一様可積分マルチンゲールであることは，同値である[2]．◁

この「系 2.21」を正当化することを目標として（つまり定理 2.19 を証明することを目標として），本書における学習を進めていくことにしよう．

最後に，この節においては多数の予想を立て続けに書いてきたので，やや混乱されている読者もいらっしゃるかもしれない．そこで，これまでの疑問や議論への「正解」をあらかじめまとめて図式化しておこう．

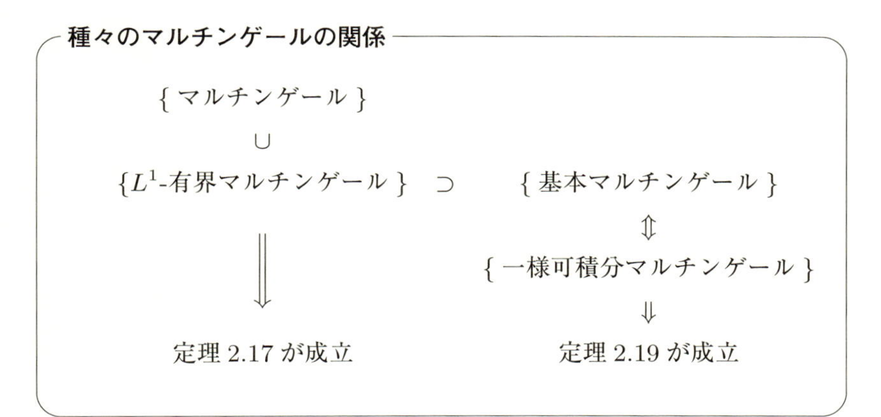

まとめ 上記の関係図をすべて正当化するためには，次のような手順で証明を進めていけば，論理的な齟齬は生じない．

---

[2] このような結論があるからこそ，定理 2.13 で導入した「基本マルチンゲール」という用語は，通常はあまり用いられないのである（注意 2.14 も見よ）．

1. 定理 1.1 により，関係図に現れている四種のマルチンゲールのうち，「基本マルチンゲール」を除く三種のマルチンゲールの包含関係を確認する．
2. 演習 2.6 と 2.7 を解き，「基本マルチンゲール」が，L^1-有界かつ一様可積分であることを確認する．
3. 定理 2.17 を証明し，さらにそれを用いて定理 2.19 を証明する．
4. その副産物として，「基本マルチンゲール」と「一様可積分マルチンゲール」が同値であることを見る（系 2.21）．さらに，「L^1-有界マルチンゲール」と「基本マルチンゲール」の包含関係が一方向的であることを見る（演習 2.8）．これにより，疑問 2.15 と 2.16 が解決される．
5. （最後におまけとして）演習 2.9 を解き，「マルチンゲール」と「L^1-有界マルチンゲール」の包含関係が一方向的であることを確認する．

演習 2.5 $M = (M_n)_{n \in \mathbb{N}_0}$ がマルチンゲールであって，かつ，ある $\delta > 0$ に対して $\sup_{n \in \mathbb{N}_0} \mathsf{E}[|M_n|^{1+\delta}] < \infty$ を満たすならば，M は一様可積分マルチンゲールである．これを証明せよ．

演習 2.6 基本マルチンゲールは L^1-有界であることを証明せよ．（疑問 2.15 の前半への解答）

演習 2.7 基本マルチンゲールは一様可積分であることを証明せよ．（疑問 2.20 への解答）

演習 2.8 L^1-有界マルチンゲールであって基本マルチンゲールではない例を構成せよ．（疑問 2.15 の後半への否定的解答：定理 2.19 の学習が済んでから，この演習に取り組まれたほうが理解が促進されるであろう）

演習 2.9 マルチンゲールであって L^1-有界ではない例を構成せよ．（定理 2.17 の学習が済んでから，この演習に取り組まれたほうが理解が促進されるであろう）

第 3 章

マルチンゲールの基本

前章で提起した問題は，次章において本格的に研究する．本章では，その準備を兼ねて，マルチンゲール理論の中で最も基本的とされる事項をひととおり押さえておくことにする．

なお世間では，マルチンゲールは「いつ止めても公平な賭けの数理モデルである」と説明されることもある．3.6 節において，この説明の数学的な解釈を試みる．

3.1 $\psi(M)$ は劣マルチンゲール

次の定理は，マルチンゲールの汎函数がどのような確率過程になるのか，という問いに対してハッキリした回答を与えてくれるものの一つである．シンプルで重要な定理なので，その証明も含めて血肉化していただきたい．

定理 3.1

$\psi : \mathbb{R} \to \mathbb{R}$ は下に凸であるとする．マルチンゲール $(M_n)_{n\in\mathbb{N}_0}$ が

$$\mathsf{E}[|\psi(M_n)|] < \infty, \quad \forall n \in \mathbb{N}_0,$$

を満たすならば，$(\psi(M_n))_{n\in\mathbb{N}_0}$ は劣マルチンゲールである． $\triangleleft$

【例 3.2】（演習 2.4 の別証） マルチンゲール $(M_n)_{n\in\mathbb{N}_0}$ が与えられたとき，$M_n^+ := M_n \vee 0$ および $M_n^- := (-M_n) \vee 0$ とおけば，三つの確率過程 $(|M_n|)_{n\in\mathbb{N}_0}$，$(M_n^+)_{n\in\mathbb{N}_0}$，$(M_n^-)_{n\in\mathbb{N}_0}$ は，いずれも劣マルチンゲールである．なぜなら，関数 $\psi_a(x) = |x|, \psi_b(x) = x \vee 0, \psi_c(x) = (-x) \vee 0$ がいずれも下に凸であるからである．

【例 3.3】 $p \geq 1$ とする．マルチンゲール $(M_n)_{n\in\mathbb{N}_0}$ が，すべての $n \in \mathbb{N}_0$ に対し $\mathsf{E}[|M_n|^p] < \infty$ を満たすならば，$(|M_n|^p)_{n\in\mathbb{N}_0}$ は劣マルチンゲールである．なぜなら，関数 $\psi(x) = |x|^p$ が下に凸であるからである．

【例 3.4】 マルチンゲール $(M_n)_{n\in\mathbb{N}_0}$ が，すべての $n \in \mathbb{N}_0$ に対し $\mathsf{E}[\exp(M_n)] < \infty$ を満たすならば，$(\exp(M_n))_{n\in\mathbb{N}_0}$ は劣マルチンゲールである．なぜなら，関数 $\psi(x) = \exp(x)$ が下に凸であるからである．

定理 3.1 の証明 下に凸な関数は連続であるから，各 $\psi(M_n)$ は $\mathcal{F}_n$-可測となり，したがって $(\psi(M_n))_{n\in\mathbb{N}_0}$ は適合過程である．イェンセンの不等式により，各 $n \in \mathbb{N}$ に対し

$$
\begin{aligned}
&\mathsf{E}[\psi(M_n)|\mathcal{F}_{n-1}] \\
&\quad \geq \psi(\mathsf{E}[M_n|\mathcal{F}_{n-1}]) \quad \text{a.s.} \\
&\quad = \psi(M_{n-1}) \quad \text{a.s.}
\end{aligned}
$$

が成り立つ． □

演習 3.1 $(M_n)_{n\in\mathbb{N}_0}$ が有界マルチンゲールであるならば，ある $m_* \in \mathbb{N}$ が存在して，任意の整数 $m \geq m_*$ に対して

$$
\left(\left(1 + \frac{M_n}{m}\right)^m\right)_{n\in\mathbb{N}_0}
$$

は劣マルチンゲールであることを証明せよ．

演習 3.2 $(\hat{S}_n)_{n\in\mathbb{N}_0}$ は劣マルチンゲールであるとする．

(i) $\psi : \mathbb{R} \to \mathbb{R}$ が単調非減少かつ下に凸であり，かつ各 $\psi(\hat{S}_n)$ が可積分であるならば，$(\psi(\hat{S}_n))_{n\in\mathbb{N}_0}$ は劣マルチンゲールであることを証明せよ．

(ii) $(\hat{S}_n^+)_{n\in\mathbb{N}_0}$ は劣マルチンゲールであることを証明せよ．ただし $\hat{S}_n^+ := \hat{S}_n \vee 0$.

3.2 ドゥーブの不等式

劣マルチンゲール $(\hat{S}_n)_{n\in\mathbb{N}_0}$ が時刻 0 から n までの間にとる最大値

$$\max_{0\le j\le n} \hat{S}_j$$

に対する（シンプルで使いやすい）確率評価を得ることは，一見すると容易ではないように思えるかもしれない．この問題に対し，最後の時刻 n における値

$$\hat{S}_n$$

だけを用いた評価を与えてくれるのが**ドゥーブの不等式** (Doob's inequality) である．

定理 3.5（ドゥーブの不等式 (I)）

$(\hat{S}_n)_{n\in\mathbb{N}_0}$ は劣マルチンゲールであるとする．このとき，任意の $a>0$ に対して

$$\begin{aligned}\mathsf{P}\left(\max_{0\le j\le n} \hat{S}_j \ge a\right) &\le \frac{1}{a}\mathsf{E}\left[\hat{S}_n 1\left\{\max_{0\le j\le n} \hat{S}_j \ge a\right\}\right]\\ &\le \frac{1}{a}\mathsf{E}[\hat{S}_n^+]\end{aligned}$$

が成り立つ．ただし $\hat{S}_n^+ := \hat{S}_n \vee 0$． ◁

証明 まず，非交和に

$$\left\{\max_{0\le j\le n} \hat{S}_j \ge a\right\} = \bigcup_{j=0}^{n} A_j$$

と書き下す．ただし

$$\begin{aligned}A_0 &= \{\omega : \hat{S}_0(\omega) \ge a\},\\ A_j &= \left\{\omega : \max_{0\le k<j} \hat{S}_k(\omega) < a,\ \hat{S}_j(\omega) \ge a\right\}, \quad j=1,\dots,n,\end{aligned}$$

である．$A_j \in \mathcal{F}_j$, $j = 0, 1, \ldots, n$, であることに注意．ここで，各 j に対し

$$\begin{aligned} \mathsf{P}(A_j) &\le \frac{1}{a}\int_{A_j} \hat{S}_j d\mathsf{P} \\ &\le \frac{1}{a}\int_{A_j} \mathsf{E}[\hat{S}_n|\mathcal{F}_j] d\mathsf{P} \\ &= \frac{1}{a}\int_{A_j} \hat{S}_n d\mathsf{P} \end{aligned}$$

が成り立つ．これを $j = 0, 1, \ldots, n$ について足し上げることにより第一不等式が証明できる．

第二不等式は，$\hat{S}_n = \hat{S}_n^+ - \hat{S}_n^-$ という分解（ただし $x^+ = x \vee 0$, $x^- = (-x) \vee 0$）を用いて

$$\begin{aligned} &\mathsf{E}\left[\hat{S}_n 1\left\{\max_{0\le j\le n} \hat{S}_j \ge a\right\}\right] \\ &= \mathsf{E}\left[\hat{S}_n^+ 1\left\{\max_{0\le j\le n} \hat{S}_j \ge a\right\}\right] - \mathsf{E}\left[\hat{S}_n^- 1\left\{\max_{0\le j\le n} \hat{S}_j \ge a\right\}\right] \\ &\le \mathsf{E}\left[\hat{S}_n^+ 1\left\{\max_{0\le j\le n} \hat{S}_j \ge a\right\}\right] \\ &\le \mathsf{E}[\hat{S}_n^+] \end{aligned}$$

という具合に示される． □

$(M_n)_{n\in\mathbb{N}_0}$ がマルチンゲールであるならば $(|M_n|)_{n\in\mathbb{N}_0}$ は劣マルチンゲールである（例 3.2 を見よ）から，定理 3.5 を使って次の系を得る．

系 3.6

$(M_n)_{n\in\mathbb{N}_0}$ がマルチンゲールであるとき，任意の $a > 0$ に対して

$$\mathsf{P}\left(\max_{0\le j\le n} |M_j| \ge a\right) \le \frac{1}{a}\mathsf{E}[|M_n|]$$

が成り立つ． ◁

上記の系のような不等式において，$|M_j|$ が $|M_j|^p$ に置き換わった場合に対する評価を得たいこともある．この問題に対しては，次のような有用な（期待値に対する）不等式が知られている．

定理 3.7（ドゥーブの不等式 (II)）

$(M_n)_{n\in\mathbb{N}_0}$ がマルチンゲールであるとき，任意の $p>1$ に対して

$$\mathsf{E}\left[\max_{0\le j\le n}|M_j|^p\right] \le \left(\frac{p}{p-1}\right)^p \mathsf{E}[|M_n|^p]$$

が成り立つ．　$\triangleleft$

この定理の証明は，定理 3.5 の第一不等式と次の補題を組み合わせることによって直ちに得られる．

補題 3.8

X, Y は非負確率変数であって，任意の $a>0$ に対して

$$\mathsf{P}(Y\ge a) \le \frac{1}{a}\mathsf{E}[X1\{Y\ge a\}]$$

を満たすとする．$p>1$ に対し，$\mathsf{E}[Y^p]<\infty$ であるならば，

$$\mathsf{E}[Y^p] \le \left(\frac{p}{p-1}\right)^p \mathsf{E}[X^p]$$

が成り立つ．　$\triangleleft$

証明　まず，任意の $q>0$ と $y\ge 0$ に対し

$$y^q = \int_0^y qx^{q-1}dx = \int_0^\infty qx^{q-1}1\{y\ge x\}dx$$

が成り立つことに注意しよう．これを二度用いて

$$\begin{aligned}
\mathsf{E}[Y^p] &= \mathsf{E}\left[\int_0^\infty px^{p-1}1\{Y \geq x\}dx\right] \\
&= \int_0^\infty px^{p-1}\mathsf{P}(Y \geq x)dx \\
&\leq p\int_0^\infty x^{p-2}\mathsf{E}[X1\{Y \geq x\}]dx \\
&= p\mathsf{E}\left[X\int_0^\infty x^{p-2}1\{Y \geq x\}dx\right] \\
&= p\mathsf{E}\left[X\frac{1}{p-1}Y^{p-1}\right] \\
&\leq \frac{p}{p-1}\mathsf{E}[X^p]^{1/p}\mathsf{E}[Y^p]^{1-(1/p)}
\end{aligned}$$

を得る．いま $\mathsf{E}[Y^p] < \infty$ を仮定しているので

$$\mathsf{E}[Y^p]^{1/p} \leq \frac{p}{p-1}\mathsf{E}[X^p]^{1/p}$$

が得られ，これから結論が導かれる． □

演習 3.3 $(M_n)_{n\in\mathbb{N}_0}$ が非負マルチンゲールであるとき，

$$M_n^* := \max_{0\leq j\leq n} M_j, \quad \forall n \in \mathbb{N}_0,$$

と定義すると，$(M_n^*)_{n\in\mathbb{N}_0}$ が確率有界[1]であることを証明せよ．

3.3 ドゥーブ分解

まず可予測過程と増加過程の定義を思い出しておこう．

定義 3.9 (可予測過程，増加過程：定義 2.1 から再掲)

(i) 確率過程 $(A_n)_{n\in\mathbb{N}_0}$ が**可予測**であるとは，

$$A_n \text{ が } \mathcal{F}_{n-1}\text{-可測}, \quad \forall n \in \mathbb{N}_0,$$

---

[1] 確率変数の族 $(X_i)_{i\in I}$ が**確率有界** (bounded in probability) であるとは，任意の $\varepsilon > 0$ に対してある定数 $K > 0$ が存在して $\sup_{i\in I}\mathsf{P}(|X_i| \geq K) < \varepsilon$ であるときにいう．

が成り立つときにいう．ただし $\mathcal{F}_{-1} := \mathcal{F}_0$ とおく．

(ii) 確率過程 $(A_n)_{n\in\mathbb{N}_0}$ が**増加過程**であるとは，

$$0 = A_0(\omega) \le A_1(\omega) \le \cdots, \quad \forall\omega \in \Omega,$$

が成り立つときにいう． ◀

著名な**ドゥーブ分解** (Doob decomposition) とは，任意の劣マルチンゲールが可予測増加過程とマルチンゲールの和の形に分解できることをいうが，その真骨頂は，その分解の方法が（a.s.の意味で）一意的であるという点にある．まずはその定理を紹介しよう．

定理 3.10 （ドゥーブ分解）

任意の劣マルチンゲール $(\hat{S}_n)_{n\in\mathbb{N}_0}$ に対して，可予測増加過程 $(A_n)_{n\in\mathbb{N}_0}$ とマルチンゲール $(M_n)_{n\in\mathbb{N}_0}$ が存在して，すべての $n \in \mathbb{N}_0$ に対して

$$\hat{S}_n = A_n + M_n \quad \text{a.s.}$$

が成り立つ．さらに，この分解は次の意味で一意的である：もしも別の可予測増加過程 $(\tilde{A}_n)_{n\in\mathbb{N}_0}$ とマルチンゲール $(\tilde{M}_n)_{n\in\mathbb{N}_0}$ について，すべての $n \in \mathbb{N}_0$ に対して

$$\hat{S}_n = \tilde{A}_n + \tilde{M}_n \quad \text{a.s.}$$

が成り立てば，すべての $n \in \mathbb{N}_0$ に対して

$$A_n = \tilde{A}_n, \quad M_n = \tilde{M}_n, \quad \text{a.s.} \tag{3.1}$$

が成り立つ． ◁

この定理の後半（分解の一意性）を証明するために，次の補題を用意しておこう．この補題は，それ自身が独自の価値をもつので，記憶するに値する．

補題 3.11

原点から出発するマルチンゲール $(M_n)_{n\in\mathbb{N}_0}$ であって可予測であるものは，すべての $n \in \mathbb{N}_0$ に対し $M_n = 0$ a.s. であるものに限られる． ◁

証明 マルチンゲールであることから $\mathsf{E}[M_n|\mathcal{F}_{n-1}] = M_{n-1}$ a.s. が成り立つ．一方，可予測過程であることから M_n は $\mathcal{F}_{n-1}$-可測であり，$\mathsf{E}[M_n|\mathcal{F}_{n-1}] = M_n$ a.s. が成り立つ．これらを併せて $M_{n-1} = M_n$ a.s. がすべての $n \in \mathbb{N}$ について成り立つから，

$$0 = M_0 = M_1 = \cdots = M_{n-1} = M_n = \cdots, \quad \text{a.s.}$$

を得る． □

定理 3.10 の証明 $(A_n)_{n\in\mathbb{N}_0}$ と $(M_n)_{n\in\mathbb{N}_0}$ を以下のように定義するとき，分解

$$\hat{S}_n = A_n + M_n$$

は所与の条件を（一意性を除いて）満たす．

$$\begin{aligned}
&A_0 = 0,\\
&A_n = \sum_{j=1}^{n} \mathsf{E}[\hat{S}_j - \hat{S}_{j-1}|\mathcal{F}_{j-1}], \quad \forall n \in \mathbb{N},\\
&M_0 = \hat{S}_0,\\
&M_n = \hat{S}_0 + \sum_{j=1}^{n} (\hat{S}_j - \hat{S}_{j-1} - \mathsf{E}[\hat{S}_j - \hat{S}_{j-1}|\mathcal{F}_{j-1}]), \quad \forall n \in \mathbb{N}.
\end{aligned}$$

ただし，上において現れている条件付き期待値 $\mathsf{E}[\hat{S}_j - \hat{S}_{j-1}|\mathcal{F}_{j-1}](\omega)$ は，a.s. で非負であるが，除外集合での値を 0 と定めることにより，すべての ω について非負であるようにできる．このようにすれば $(A_n)_{n\in\mathbb{N}_0}$ は可予測増加過程となり，また $(M_n)_{n\in\mathbb{N}_0}$ がマルチンゲールであることは明らかである．これで分解の存在が証明された．

一意性については，

$$(\hat{S}_n =)\ A_n + M_n = \tilde{A}_n + \tilde{M}_n, \quad \forall n \in \mathbb{N}_0,$$

より

$$(X_n :=)\ A_n - \tilde{A}_n = -M_n + \tilde{M}_n, \quad \forall n \in \mathbb{N}_0,$$

が成り立つが，$(X_n)_{n\in\mathbb{N}_0}$ は原点から出発する可予測なマルチンゲールであるから，補題 3.11 よりすべての $n \in \mathbb{N}_0$ に対して $X_n = 0$ a.s. を得る．これで (3.1) が証明された． □

演習 3.4 $(\xi_n)_{n\in\mathbb{N}}$ はマルチンゲール差分列であるとし，

$$X_0 = 0 \quad \text{および} \quad X_n = \left(\sum_{k=1}^{n} \xi_k\right)^2, \quad \forall n \in \mathbb{N},$$

とおく．

(i) $(X_n)_{n\in\mathbb{N}_0}$ が劣マルチンゲールであることを証明せよ．
(ii) $(X_n)_{n\in\mathbb{N}_0}$ のドゥーブ分解

$$X_n = A_n + M_n, \quad \forall n \in \mathbb{N}_0,$$

における，可予測増加過程 $(A_n)_{n\in\mathbb{N}_0}$ とマルチンゲール $(M_n)_{n\in\mathbb{N}_0}$ を求めよ．

3.4 停止時刻

停止時刻とは，ラフに言えば，ランダムな時刻のことである．しかし，一口にランダムと言っても，適切な可測性を満たしていないとさまざまな解析がうまくいかない．与えられたフィルトレーション $\mathbf{F} = (\mathcal{F}_n)_{n\in\mathbb{N}_0}$ と相性が良いように導入されたランダムな時刻のことを**停止時刻** (stopping time)，もしくは **F**-停止時刻という．定義は以下のとおりである．

定義 3.12 (停止時刻)
確率変数 $\tau : \Omega \to \mathbb{N}_0 \cup \{\infty\}$ が

$$\{\tau \le n\} = \{\omega \in \Omega : \tau(\omega) \le n\} \in \mathcal{F}_n, \quad \forall n \in \mathbb{N}_0,$$

を満たすとき，**停止時刻**であるという．

特に，

$$\tau(\omega) < \infty, \quad \forall \omega \in \Omega,$$

であるとき，**有限停止時刻** (finite stopping time) であるといい，

$$\text{ある定数 } K > 0 \text{ が存在して } \tau(\omega) \leq K, \quad \forall \omega \in \Omega,$$

であるとき，**有界停止時刻** (bounded stopping time) であるという． ◀

この概念に関連して，次の三つの性質が成り立つことは容易に証明できる．

定理 3.13 （停止時刻の定義の言い換え）

任意の確率変数 $\tau : \Omega \to \mathbb{N}_0 \cup \{\infty\}$ に対して，

$$\{\tau \leq n\} \in \mathcal{F}_n, \quad \forall n \in \mathbb{N}_0 \quad \Longleftrightarrow \quad \{\tau = n\} \in \mathcal{F}_n, \quad \forall n \in \mathbb{N}_0. \quad \triangleleft$$

証明 （“$\Longrightarrow$” の証明）

$$\{\tau = n\} = \{\tau \leq n\} \setminus \{\tau \leq n-1\}$$

と書き直すことができて，しかも $\{\tau \leq n-1\} \in \mathcal{F}_{n-1} \subset \mathcal{F}_n$ であるから，$\{\tau = n\} \in \mathcal{F}_n$ であることがわかる．

（“$\Longleftarrow$” の証明）

$$\{\tau \leq n\} = \bigcup_{j=0}^{n} \{\tau = j\}$$

であり，各 $j = 0, 1, \ldots, n$ に対し $\{\tau = j\} \in \mathcal{F}_j \subset \mathcal{F}_n$ であるから，$\{\tau \leq n\} \in \mathcal{F}_n$ であることがわかる． □

定理 3.14 （第一到達時刻が停止時刻になるための条件）

$(X_n)_{n \in \mathbb{N}_0}$ が適合過程で，$A \in \mathfrak{B}(\mathbb{R})$ であるならば，

$$\tau := \min(n : X_n \in A)$$

は停止時刻になる．ただし $\min \emptyset = \infty$ とする． $\triangleleft$

証明 任意の $n \in \mathbb{N}_0$ に対し，

$$\{\tau \leq n\} = \bigcup_{j=0}^{n} \{X_j \in A\}$$

であり，右辺においてそれぞれ $\{X_j \in A\} \in \mathcal{F}_j \subset \mathcal{F}_n$ である．よって $\{\tau \leq n\} \in \mathcal{F}_n$ が示された． □

定理 3.15 (max と min)

τ と σ が停止時刻であるとき，

$$\tau \vee \sigma := \max\{\tau, \sigma\},$$
$$\tau \wedge \sigma := \min\{\tau, \sigma\}$$

はいずれも停止時刻となる． ◁

証明 それぞれ

$$\{\tau \vee \sigma \leq n\} = \{\tau \leq n\} \cap \{\sigma \leq n\}$$

と

$$\{\tau \wedge \sigma \leq n\} = \{\tau \leq n\} \cup \{\sigma \leq n\}$$

から明らか． □

次に，与えられた停止時刻 τ に対して，$\mathcal{F}_\tau$ なる集合族を「うまく」定義すると，下記の定理 3.17 のような「望ましい」性質が得られることを見よう．

定義 3.16

停止時刻 τ が与えられたとき，

$$\mathcal{F}_\tau := \{A \in \mathcal{F} : A \cap \{\tau \leq n\} \in \mathcal{F}_n, \ \forall n \in \mathbb{N}_0\}$$

と定義する． ◀

定理 3.17

τ, σ が停止時刻であるとき，定義 3.16 のもとで，次の主張が成立する．

(i) $\mathcal{F}_\tau$ は σ-加法族である．

(ii) τ は $\mathcal{F}_\tau$-可測である．

(iii) $\tau \le \sigma$ ならば $\mathcal{F}_\tau \subset \mathcal{F}_\sigma$． ◁

演習 3.5 定理 3.17 を証明せよ．

3.5 任意抽出定理

前節で「停止時刻」や σ-加法族 $\mathcal{F}_\tau$ の定義を，やや天下り式に与えたが，実はそれらは，次の**任意抽出定理** (optional sampling theorem) がうまく機能するように巧妙に与えられた定義なのである．そのことを踏まえながら，次の定理の証明を噛み締めるように精読していただきたい．

定理 3.18 (任意抽出定理)

τ と σ は，$\tau \le \sigma$ を満たす有界停止時刻であるとする．すなわち，ある定数 $K > 0$ に対して

$$\tau \le \sigma \le K$$

を満たす停止時刻であるとする．

(i) 劣マルチンゲール $(\hat{S}_n)_{n\in\mathbb{N}_0}$ に対して，$\hat{S}_\tau$ および $\hat{S}_\sigma$ は可積分で，

$$\mathsf{E}[\hat{S}_\sigma|\mathcal{F}_\tau] \ge \hat{S}_\tau \quad \text{a.s.} \tag{3.2}$$

が成り立つ．

(ii) 特に $(M_n)_{n\in\mathbb{N}_0}$ がマルチンゲールであるならば，

$$\mathsf{E}[M_\sigma|\mathcal{F}_\tau] = M_\tau \quad \text{a.s.} \tag{3.3}$$

が成り立つ． ◁

証明　K は正の整数であるとしてよい．まず $\hat{S}_\tau$ が可積分であることは，

$$\begin{aligned}\mathsf{E}[|\hat{S}_\tau|] &= \sum_{j=0}^{K} \mathsf{E}[|\hat{S}_\tau| 1\{\tau = j\}] \\ &= \sum_{j=0}^{K} \mathsf{E}[|\hat{S}_j| 1\{\tau = j\}] \\ &\le \sum_{j=0}^{K} \mathsf{E}[|\hat{S}_j|] < \infty\end{aligned}$$

によってわかる．$\hat{S}_\sigma$ が可積分であることも同様である．もちろん，この議論は $\hat{S}$ をマルチンゲール M に置き換えても成り立つ．

次に (ii) の等式 (3.3) を証明するために，まずは

$$\mathsf{E}[M_K|\mathcal{F}_\tau] = M_\tau \quad \text{a.s.} \tag{3.4}$$

であることを示そう．任意の $A \in \mathcal{F}_\tau$ をとる．Ω の非交和分割

$$\Omega = \bigcup_{j=0}^{K} E_j, \quad E_j = \{\tau = j\}$$

をとる．ここで，任意の $j = 0, 1, \ldots, K$ に対し

$$\begin{aligned}&A \cap E_j \\ &\quad = A \cap (\{\tau \le j\} \cap \{\tau \le j-1\}^c) \\ &\quad = (A \cap \{\tau \le j\}) \cap \{\tau \le j-1\}^c \\ &\quad \in \mathcal{F}_j \quad (A \cap \{\tau \le j\} \in \mathcal{F}_j \quad \text{と} \quad \{\tau \le j-1\}^c \in \mathcal{F}_{j-1} \subset \mathcal{F}_j \quad \text{により})\end{aligned}$$

に注意すると，マルチンゲールの定義を用いて

$$\begin{aligned}\int_{A \cap E_j} M_K d\mathsf{P} &= \int_{A \cap E_j} M_j d\mathsf{P} \\ &= \int_{A \cap E_j} M_\tau d\mathsf{P}\end{aligned}$$

がわかるから，j について和をとることにより

$$\int_A M_K d\mathsf{P} = \int_A M_\tau d\mathsf{P}$$

が得られる．これで (3.4) を示すことができた．

そこで，条件付き期待値の塔の性質を用いて

$$\begin{aligned} M_\tau &= \mathsf{E}[M_K|\mathcal{F}_\tau] \quad \text{a.s.} \\ &= \mathsf{E}[\mathsf{E}[M_K|\mathcal{F}_\sigma]|\mathcal{F}_\tau] \quad \text{a.s.} \\ &= \mathsf{E}[M_\sigma|\mathcal{F}_\tau] \quad \text{a.s.} \end{aligned}$$

が得られ，(ii) の証明が完了した．

次に (i) の不等式 (3.2) を示そう．ドゥーブ分解定理により，$\hat{S} = A + M$ と書けることに注意し，

$$\begin{aligned} \hat{S}_\tau &= A_\tau + M_\tau \\ &\leq A_\tau + \mathsf{E}[A_\sigma - A_\tau|\mathcal{F}_\tau] + M_\tau \quad \text{a.s.} \\ &= \mathsf{E}[A_\sigma|\mathcal{F}_\tau] + \mathsf{E}[M_\sigma|\mathcal{F}_\tau] \quad \text{a.s.} \\ &= \mathsf{E}[\hat{S}_\sigma|\mathcal{F}_\tau] \quad \text{a.s.} \end{aligned}$$

を導くことができる．これで (i) の証明が完了した． □

演習 3.6 $(M_n)_{n\in\mathbb{N}_0}$ がマルチンゲールで，τ と σ が有界停止時刻であるとき，

$$\mathsf{E}[M_\tau] = \mathsf{E}[M_\sigma]$$

が成り立つことを証明せよ．（“$\tau \leq \sigma$” であることは仮定していないことに注意）

3.6 「いつ止めても公平な賭け」の真意

マルチンゲールは，「いつ止めても公平な賭け」の数理モデルであると説明されることがある．その真意は次の定理に込められている．

定理 3.19 （マルチンゲール性の特徴付け）

任意の適合過程 $(X_n)_{n\in\mathbb{N}_0}$ に対して，次の (a) と (b) は同値である．

(a) $(X_n)_{n\in\mathbb{N}_0}$ はマルチンゲールである．

(b) 任意の有界停止時刻 τ に対して，X_τ が可積分で，かつ

$$\mathsf{E}[X_\tau] = \mathsf{E}[X_0]$$

が成立する． ◁

説明 3.20 マルチンゲールが「いつ止めても」公平な賭けを表す数理モデルであると（やや誤解を招きやすい）説明をされることがあるのは，定理 3.19(b) における停止時刻 τ が，でたらめにとってこれるランダムな時刻であるかのような，不正確な認識を与えやすいことに由来すると思われる．実際には，停止時刻は，与えられたフィルトレーションに対応した「良い」可測性をもったものでなければならない．また，上記の特徴付けに現れる停止時刻 τ は有界でなければならない． ■

定理 3.19 の証明 (a) $\Longrightarrow$ (b) は，任意抽出定理から直ちに導かれる．

(b) $\Longrightarrow$ (a) を示そう．任意の $n \in \mathbb{N}$ と任意の $A \in \mathcal{F}_{n-1}$ に対し，

$$\tau = n1_{A^c} + (n-1)1_A$$

とおく．これは有界停止時刻になるから，

$$\mathsf{E}[X_0] = \mathsf{E}[X_\tau] = \mathsf{E}[X_n 1_{A^c}] + \mathsf{E}[X_{n-1} 1_A]$$

が成り立つ．いっぽう，n も有界停止時刻であるから，

$$\mathsf{E}[X_0] = \mathsf{E}[X_n] = \mathsf{E}[X_n 1_{A^c}] + \mathsf{E}[X_n 1_A]$$

が成り立つ．よって

$$\mathsf{E}[X_n 1_A] = \mathsf{E}[X_{n-1} 1_A]$$

であり，このことから

$$\mathsf{E}[X_n | \mathcal{F}_{n-1}] = X_{n-1} \quad \text{a.s.}$$

を得る． □

演習 3.7　既知の定数 $p \in (0,1)$ が与えられたとし，次のような賭けのゲームを考える．

「まず賭け金 Y を支払い，勝率が（賭け金に依存せず）p であるゲームを行う．勝てば賞金 Y/p が貰え，負ければ賞金は貰えない．」

初期の所持金を $M_0 > 0$ とし，このゲームを独立に何度も行うとする．n 回目のゲームの賭け金を Y_n とし，その終了時点における所持金を M_n とする．ただし所持金が常に非負であるようにするため，$0 \leq Y_n \leq M_{n-1}$ を満たしつつ賭けを行うものとする．

(i)　適切なフィルトレーションを導入することにより，$(M_n)_{n\in\mathbb{N}_0}$ がマルチンゲールであることを示せ．

(ii)　次の記述の正誤を判定せよ．

「定数 $c > 0$ が与えられたとき，停止時刻を $\tau := \min(n : M_n \geq M_0 + c)$ と定義すると，$M_\tau \geq M_0 + c$ であるから，

$$\mathsf{E}[M_\tau] \geq \mathsf{E}[M_0] + c > \mathsf{E}[M_0]$$

が成り立つ．よって，マルチンゲールにおいても平均的に得をする停止戦略 τ が構成できた．」

3.7　M^τ はマルチンゲール

マルチンゲール $(M_n)_{n\in\mathbb{N}_0}$ と停止時刻 τ が与えられたとき，$(M_n^\tau)_{n\in\mathbb{N}_0}$ を

$$M_n^\tau := M_{n\wedge\tau}, \quad \forall n \in \mathbb{N}_0,$$

によって定義する．

補題 3.21

上述の設定で，$(M_n^\tau)_{n\in\mathbb{N}_0}$ は適合過程になる．　$\triangleleft$

証明 任意の $n \in \mathbb{N}$ と $B \in \mathfrak{B}(\mathbb{R})$ に対し,

$$
\begin{aligned}
\{M_n^\tau \in B\} &= \{M_{n\wedge\tau} \in B\} \\
&= (\{M_n \in B\} \cap \{\tau > n\}) \cup (\{M_\tau \in B\} \cap \{\tau \le n\}) \\
&= (\{M_n \in B\} \cap \{\tau \le n\}^c) \cup \left(\bigcup_{j=0}^{n} \{M_j \in B\} \cap \{\tau = j\} \right) \\
&\in \mathcal{F}_n
\end{aligned}
$$

が成り立つので, 適合過程であることが示された. □

定理 3.22

本節冒頭の設定で, $(M_n^\tau)_{n\in\mathbb{N}_0}$ はマルチンゲールになる. ◁

証明 $(M_n^\tau)_{n\in\mathbb{N}_0}$ が適合過程であることは, 補題 3.21 で示した. 定理 3.19 の (b) $\Longrightarrow$ (a) を用いるために, 任意の有界停止時刻 σ をとると, 任意抽出定理より, $M_\sigma^\tau = M_{\sigma\wedge\tau}$ は可積分であって

$$
\mathsf{E}[M_\sigma^\tau] = \mathsf{E}[M_{\sigma\wedge\tau}] = \mathsf{E}[M_0]
$$

を満たすことがわかる. よってマルチンゲールであることが証明された. □

演習 3.8 任意のマルチンゲール $(M_n)_{n\in\mathbb{N}_0}$ と任意の有界停止時刻 τ に対し, $(M_n^\tau)_{n\in\mathbb{N}_0}$ は一様可積分マルチンゲールであることを証明せよ.

第 4 章

マルチンゲール収束定理

この章では，第 2 章で提示した問題を本格的に研究していく．具体的には，マルチンゲール収束定理 (定理 2.17, 2.19) を証明することを目標として議論を展開していく．議論の手順は次のとおりである．

4.1 節で，L^1-有界である劣マルチンゲールが二つの非負優マルチンゲールの差の形に（一意的にではないが）分解できることを示す（クリックベルグ分解）．

4.2 節で，非負優マルチンゲールの収束を証明する．

4.3 節で，それらを併せることにより，L^1-有界である劣マルチンゲールの収束を証明する（この時点で定理 2.17 が証明される）．

4.4 節で，L^1-有界であることより強い，一様可積分マルチンゲールについては，より強力な収束定理が成立することを示す（定理 2.19 の証明を完成する）．さらに，L^1-有界マルチンゲールであって一様可積分ではないものが存在することを，例を挙げることによって示す．

4.1 クリックベルグ分解

喩え話から始めよう．ルベーグ積分論において，可測関数 f を

$$f = f^+ - f^-$$

と分解することは，さまざまな議論の基本的な出発点となる．ただし

$$f^+(x) = f(x) \vee 0, \quad f^-(x) = (-f(x)) \vee 0$$

である．

マルチンゲール理論における**クリックベルグ分解** (Krickeberg decomposition) はこれに類似し，マルチンゲールに対する問題を，非負マルチンゲールに対するものに帰着させることに役立つ．

定理 4.1 （クリックベルグ分解）

$(\hat{S}_n)_{n\in\mathbb{N}_0}$ は劣マルチンゲールであって

$$\sup_{n\in\mathbb{N}_0} \mathsf{E}[\hat{S}_n^+] < \infty \tag{4.1}$$

を満たすものであるとする．ただし，$\hat{S}_n^+ := \hat{S}_n \vee 0$，$\hat{S}_n^- := (-\hat{S}_n) \vee 0$ とおく．このとき，非負マルチンゲール $(M_n)_{n\in\mathbb{N}_0}$ と非負優マルチンゲール $(\check{S}_n)_{n\in\mathbb{N}_0}$ であって

$$\hat{S}_n = M_n - \check{S}_n \quad \text{a.s.}, \quad \forall n \in \mathbb{N}_0,$$

を満たすものが存在する．

特に，もとの $(\hat{S}_n)_{n\in\mathbb{N}_0}$ がマルチンゲールであるときには，$(\check{S}_n)_{n\in\mathbb{N}_0}$ として非負マルチンゲールをとれる． ◁

補題 4.2

定理 4.1 における仮定 (4.1) は

$$\sup_{n\in\mathbb{N}_0} \mathsf{E}[|\hat{S}_n|] < \infty \tag{4.2}$$

と同値である． ◁

証明 (4.2) $\Longrightarrow$ (4.1) は明らか．逆に，(4.1) が満たされるとき，

$$|\hat{S}_n| = 2\hat{S}_n^+ - (\hat{S}_n^+ - \hat{S}_n^-)$$

という関係から

$$\begin{aligned}\mathsf{E}[|\hat{S}_n|] &= 2\mathsf{E}[\hat{S}_n^+] - \mathsf{E}[\hat{S}_n^+ - \hat{S}_n^-] \\ &= 2\mathsf{E}[\hat{S}_n^+] - \mathsf{E}[\hat{S}_n] \\ &\le 2\mathsf{E}[\hat{S}_n^+] - \mathsf{E}[\hat{S}_0]\end{aligned}$$

が得られるので，(4.2) が満たされることが示される． □

定理 4.1 の証明 各 $j \in \mathbb{N}_0$ と各 $n \ge j$ に対し，

$$M_{j,n} := \mathsf{E}[\hat{S}_n^+ | \mathcal{F}_j]$$

とおく．以下，次の三段階を順に示すことで，定理の証明を行っていく．

（第一段）$M_j := \lim_{n\to\infty} M_{j,n}$ という操作によって，可積分確率変数 M_j が well-defined である．
（第二段）$(M_j)_{j\in\mathbb{N}_0}$ は非負マルチンゲールである．
（第三段）$M-\hat{S}$ が非負優マルチンゲールであることを示し，$\hat{S} = M-(M-\hat{S})$ によって所与の性質を満たす分解ができていることを示す．

では，証明の主要部分に取り掛かる．
（第一段） 以下，j は固定して考える．定義より，各 $M_{j,n}$ は非負である．また，$(\hat{S}_n^+)_{n\ge j}$ は劣マルチンゲールである（演習 3.2 (ii) を見よ）から，

$$\begin{aligned}M_{j,n+1} - M_{j,n} &= \mathsf{E}[\hat{S}_{n+1}^+ - \hat{S}_n^+ | \mathcal{F}_j] \quad \text{a.s.} \\ &= \mathsf{E}[\mathsf{E}[\hat{S}_{n+1}^+ - \hat{S}_n^+ | \mathcal{F}_n] | \mathcal{F}_j] \quad \text{a.s.} \\ &\ge 0 \quad \text{a.s.}\end{aligned}$$

であるから，$(M_{j,n})_{n\ge j}$ は n に関して a.s. で非減少である．よって，単調収束定理より（とりあえず極限 M_j が ∞ である可能性も許して）

$$\mathsf{E}[M_j] = \mathsf{E}\left[\lim_{n\to\infty} M_{j,n}\right] = \lim_{n\to\infty} \mathsf{E}[M_{j,n}] = \lim_{n\to\infty} \mathsf{E}[\hat{S}_n^+]$$

を得るが，仮定 (4.1) より上式の最右辺は有限であり，可積分確率変数 M_j を構成することができた．
（第二段） 各 M_j が $\mathcal{F}_j$-可測であることと a.s. で非負であることは構成方法から明らかであり，それが可積分であることは第一段で証明した．ここで，任意の $j \in \mathbb{N}$ と $A \in \mathcal{F}_{j-1}$ に対して

$$\begin{aligned}
\mathsf{E}[M_j 1_A] &= \mathsf{E}\left[\lim_{n\to\infty} M_{j,n} 1_A\right] \\
&= \lim_{n\to\infty} \mathsf{E}[M_{j,n} 1_A] \\
&= \lim_{n\to\infty} \mathsf{E}[\mathsf{E}[M_{j,n}|\mathcal{F}_{j-1}]1_A] \\
&= \lim_{n\to\infty} \mathsf{E}[M_{j-1,n} 1_A] \\
&= \mathsf{E}\left[\lim_{n\to\infty} M_{j-1,n} 1_A\right] \\
&= \mathsf{E}[M_{j-1} 1_A]
\end{aligned}$$

が成り立つ．つまり，$\mathsf{E}[M_j|\mathcal{F}_{j-1}] = M_{j-1}$ a.s. であり，これらのことから $(M_j)_{j\in\mathbb{N}_0}$ が非負マルチンゲールであることがわかる．

(第三段) 各 $j \in \mathbb{N}_0$ に対して

$$\begin{aligned}
M_j - \hat{S}_j &= \lim_{n\to\infty} \mathsf{E}[\hat{S}_n^+|\mathcal{F}_j] - \hat{S}_j \\
&= \lim_{n\to\infty} \mathsf{E}[\hat{S}_n^+ - \hat{S}_j|\mathcal{F}_j] \quad \text{a.s.} \\
&\geq \liminf_{n\to\infty} \mathsf{E}[\hat{S}_n^+ - \hat{S}_n|\mathcal{F}_j] \geq 0 \quad \text{a.s.}
\end{aligned}$$

であるから，$(M_j - \hat{S}_j)_{j\in\mathbb{N}_0}$ は非負優マルチンゲールである．したがって，所与の条件を満たす分解

$$\hat{S}_j = M_j - (M_j - \hat{S}_j), \quad \forall j \in \mathbb{N}_0,$$

が得られた．

なお，もとの $(\hat{S}_n)_{n\in\mathbb{N}_0}$ がマルチンゲールであるときには，最後の $(M_j - \hat{S}_j)_{j\in\mathbb{N}_0}$ は非負マルチンゲールになる．これですべての主張が証明された． □

演習 4.1 $(M_n)_{n\in\mathbb{N}_0}$ が基本マルチンゲール（定理 2.13）であるとき，これを具体的にクリックベルグ分解せよ．すなわち，二つの非負マルチンゲール $(M_n^a)_{n\in\mathbb{N}_0}$, $(M_n^b)_{n\in\mathbb{N}_0}$ であって

$$M_n = M_n^a - M_n^b \quad \text{a.s.}, \quad \forall n \in \mathbb{N}_0,$$

を満たすものを構成せよ．

4.2　非負優マルチンゲールの収束

我々の目標は，L^1-有界である劣マルチンゲールの収束（定理 2.17）を示すことである．ところが前節において，そのような劣マルチンゲールは

二つの非負優マルチンゲールの差

の形に分解されることがわかった．

非負優マルチンゲールは，広くない値域を行きつ戻りつしている確率過程であり，実際のところ，次の定理が成立する．

定理 4.3

任意の非負優マルチンゲール $(\check{S}_n)_{n\in\mathbb{N}_0}$ は，ある可積分な極限 $\check{S}_\infty$ に概収束する：

$$\check{S}_n \xrightarrow{\text{a.s.}} \check{S}_\infty, \quad \text{as } n \to \infty. \qquad \triangleleft$$

いうまでもなく，マルチンゲールは優マルチンゲールの特別な場合である．したがって次の系が得られる．

系 4.4

任意の非負マルチンゲール $(M_n)_{n\in\mathbb{N}_0}$ は，ある可積分な極限 M_∞ に概収束する：

$$M_n \xrightarrow{\text{a.s.}} M_\infty, \quad \text{as } n \to \infty. \qquad \triangleleft$$

この系において，M_n を $-M_n$ に置き換えると，次の系が得られる．

系 4.5

任意の非正マルチンゲール $(M_n)_{n\in\mathbb{N}_0}$ は，ある可積分な極限 M_∞ に概収束する：

$$M_n \xrightarrow{\text{a.s.}} M_\infty, \quad \text{as } n \to \infty. \qquad \triangleleft$$

では，定理 4.3 を証明するための準備に着手しよう．

与えられた適合過程 $(X_n)_{n\in\mathbb{N}_0}$ と定数 $0 \le \alpha < \beta < \infty$ に対し，

$$\begin{aligned}
\sigma_1 &= \min(n \ge 0 : X_n \le \alpha), & \tau_1 &= \min(n \ge \sigma_1 : X_n \ge \beta),\\
\sigma_2 &= \min(n \ge \tau_1 : X_n \le \alpha), & \tau_2 &= \min(n \ge \sigma_2 : X_n \ge \beta),\\
&\vdots & &\vdots\\
\sigma_j &= \min(n \ge \tau_{j-1} : X_n \le \alpha), & \tau_j &= \min(n \ge \sigma_j : X_n \ge \beta),\\
&\vdots & &\vdots
\end{aligned}$$

とおく（ただし $\min\emptyset = \infty$ と約束する）．このとき，σ_j, τ_j $(j = 1, 2, \ldots)$ は停止時刻になる．

次のエレガントな補題は Dubins (1966) による．

補題 4.6

$(X_n)_{n\in\mathbb{N}_0}$ が非負優マルチンゲールで，$0 \le \alpha < \beta < \infty$ であるとき，停止時刻 σ_j, τ_j $(j = 1, 2, \ldots)$ を上述のように定義すると，

$$\mathsf{P}(\tau_j < \infty) \le \left(\frac{\alpha}{\beta}\right)^j, \quad \forall j \in \mathbb{N},$$

が成り立つ． ◁

証明 任意の $N \in \mathbb{N}$ をとる．$\tau_0 \equiv 0$ と約束する．任意の $j \in \mathbb{N}$ に対し，

「$\tau_j < \infty$ ならば $X_{\tau_j} \ge \beta$」および「$\sigma_j < \infty$ ならば $X_{\sigma_j} \le \alpha$」

という事実を用いて，

$$\begin{aligned}
\mathsf{E}[\beta 1\{\tau_j \le N\} + X_N 1\{\tau_j > N\}] &\le \mathsf{E}[X_{\tau_j \wedge N}]\\
&= \mathsf{E}[\mathsf{E}[X_{\tau_j \wedge N} | \mathcal{F}_{\sigma_j \wedge N}]]\\
&\le \mathsf{E}[X_{\sigma_j \wedge N}] \quad \text{（任意抽出定理より）}\\
&\le \mathsf{E}[\alpha 1\{\sigma_j \le N\} + X_N 1\{\sigma_j > N\}]
\end{aligned}$$

であることがわかるから，

$$\begin{aligned}\beta \mathsf{P}(\tau_j \le N) &\le \alpha \mathsf{P}(\sigma_j \le N) + \mathsf{E}[X_N(1\{\sigma_j > N\} - 1\{\tau_j > N\})] \\ &\le \alpha \mathsf{P}(\sigma_j \le N) \\ &\le \alpha \mathsf{P}(\tau_{j-1} \le N)\end{aligned}$$

を得る．したがって，

$$\begin{aligned}\mathsf{P}(\tau_j \le N) &\le \frac{\alpha}{\beta}\mathsf{P}(\tau_{j-1} \le N) \\ &\ \ \vdots \\ &\le \left(\frac{\alpha}{\beta}\right)^j \mathsf{P}(\tau_0 \le N) \\ &= \left(\frac{\alpha}{\beta}\right)^j\end{aligned}$$

が成り立つ．結局，

$$\begin{aligned}\mathsf{P}(\tau_j < \infty) &= \mathsf{P}\left(\bigcup_{N=1}^{\infty}\{\tau_j \le N\}\right) \\ &= \lim_{N\to\infty} \mathsf{P}(\tau_j \le N) \\ &\le \left(\frac{\alpha}{\beta}\right)^j\end{aligned}$$

が証明された． □

定理 4.3 の証明 補題 4.6 を $(X_n)_{n\in\mathbb{N}_0} = (\check{S}_n)_{n\in\mathbb{N}_0}$ に対して用いる．

$$D = \left\{\omega : \limsup_{n\to\infty} \check{S}_n(\omega) > \liminf_{n\to\infty} \check{S}_n(\omega)\right\}$$

とおくとき，$\mathsf{P}(D) = 0$ となることを示せばよい．ここで，

$$D = \bigcup_{\substack{\alpha,\beta\in\mathbb{Q} \\ 0<\alpha<\beta<\infty}} D_{\alpha,\beta},$$

$$D_{\alpha,\beta} = \left\{\omega : \limsup_{n\to\infty} \check{S}_n(\omega) > \beta > \alpha > \liminf_{n\to\infty} \check{S}_n(\omega)\right\}$$

と表すと，$D_{\alpha,\beta}$ 上では $\tau_j < \infty$ であることが任意の $j \in \mathbb{N}$ について成り立つので，

$$\mathsf{P}(D_{\alpha,\beta}) \leq \mathsf{P}(\tau_j < \infty) \leq \left(\frac{\alpha}{\beta}\right)^j, \quad \forall j \in \mathbb{N},$$

を得る．これより $\mathsf{P}(D_{\alpha,\beta}) = 0$ が結論づけられるので，$P(D) = 0$ である． □

演習 4.2 $(\check{S}_n)_{n\in\mathbb{N}_0}$ は非負優マルチンゲールであるとする．定理 4.3 によると，ある可積分な極限 $\check{S}_\infty$ が存在する．すなわち

$$\check{S}_n \xrightarrow{\text{a.s.}} \check{S}_\infty, \quad \text{as } n \to \infty.$$

このとき，

(a) $\lim_{n\to\infty} \mathsf{E}[|\check{S}_n - \check{S}_\infty|] = 0$

(b) $\lim_{n\to\infty} \mathsf{E}[\check{S}_n] = \mathsf{E}[\check{S}_\infty]$

が同値であることを証明せよ．

4.3 L^1-有界劣マルチンゲールの収束

喩え話から始めよう．実数列 $(x_n)_{n\in\mathbb{N}}$ が非減少かつ上に有界であるとき，ある実数 x_∞ が存在して

$$\lim_{n\to\infty} x_n = x_\infty$$

が成り立つ．次の定理は，その確率過程版にあたる．

定理 4.7

劣マルチンゲール $(\hat{S}_n)_{n\in\mathbb{N}_0}$ が

$$\sup_{n\in\mathbb{N}_0} \mathsf{E}[\hat{S}_n^+] < \infty \tag{4.3}$$

を満たすとき，ある可積分確率変数 $\hat{S}_\infty$ が存在して

$$\hat{S}_n \xrightarrow{\text{a.s.}} \hat{S}_\infty, \quad \text{as } n \to \infty,$$

が成り立つ． ◁

証明 クリックベルグ分解

$$\hat{S}_n = M_n - \check{S}_n$$

を考える．定理 4.3 とその系より，

$$M_n \xrightarrow{\text{a.s.}} M_\infty\,(\text{可積分}), \quad \text{as } n \to \infty,$$
$$\check{S}_n \xrightarrow{\text{a.s.}} \check{S}_\infty\,(\text{可積分}), \quad \text{as } n \to \infty,$$

が得られるから，

$$\hat{S}_n = M_n - \check{S}_n \xrightarrow{\text{a.s.}} M_\infty - \check{S}_\infty\,(\text{可積分}), \quad \text{as } n \to \infty,$$

が成り立つ． □

$(M_n)_{n\in\mathbb{N}_0}$ がマルチンゲールであるとき，$(M_n)_{n\in\mathbb{N}_0}$ そのものも $(-M_n)_{n\in\mathbb{N}_0}$ も劣マルチンゲールであるから，定理 4.7 から次の系が得られる．

系 4.8 （定理 2.17 と同値）

マルチンゲール $(M_n)_{n\in\mathbb{N}_0}$ に対して，

$$\sup_{n\in\mathbb{N}_0} \mathsf{E}[M_n^+] < \infty \tag{4.4}$$

あるいは

$$\sup_{n\in\mathbb{N}_0} \mathsf{E}[M_n^-] < \infty \tag{4.5}$$

を満たすとき，ある可積分確率変数 M_∞ が存在して

$$M_n \xrightarrow{\text{a.s.}} M_\infty, \quad \text{as } n \to \infty,$$

が成り立つ． ◁

ここで，補題 4.2 と同様に

$$(4.3) \Longleftrightarrow \sup_{n\in\mathbb{N}_0} \mathsf{E}[|\hat{S}_n|] < \infty,$$

$$(4.4) \Longleftrightarrow (4.5) \Longleftrightarrow \sup_{n\in\mathbb{N}_0} \mathsf{E}[|M_n|] < \infty$$

が成り立つことに注意すると，（念願の！）定理 2.17 の証明が手に入れられた．

4.4 一様可積分マルチンゲールの収束

前節の系 4.8 により，マルチンゲール $(M_n)_{n\in\mathbb{N}_0}$ に対して，ある可積分極限 M_∞ が存在して

$$M_n \xrightarrow{\text{a.s.}} M_\infty, \quad \text{as } n \to \infty,$$

を満たすための十分条件が

$$\sup_{n\in\mathbb{N}_0} \mathsf{E}[|M_n|] < \infty \tag{4.6}$$

であることが示された．

ところで我々は，疑問 2.18 の中で現れた

$$M_n = \lim_{m\to\infty} \mathsf{E}[M_{n+m}|\mathcal{F}_n] \stackrel{?}{=} \mathsf{E}\left[\lim_{m\to\infty} M_{n+m}\middle|\mathcal{F}_n\right] = \mathsf{E}[M_\infty|\mathcal{F}_n] \quad \text{a.s.}$$

という操作の可否についての結論を先延ばしにしてきた．本節では，この操作が正しくなるための十分条件が

マルチンゲール $(M_n)_{n\in\mathbb{N}_0}$ の一様可積分性

であることを証明し，(4.6) という条件だけではこの操作は正しくないことを，反例をもって確かめる．

では，この節の主目標（本書の主目標のひとつ）への肯定的な解答を与えよう．2.2 節において，極めて重要な定理 2.19 の主張のみ紹介したが，実は証明の中で，上記の "$\stackrel{?}{=}$" に対応する計算が現れる．そこで，ここでそれを詳しく記載し，そのことによってこの節の主目標を達成しよう．

定理 4.9（マルチンゲール収束定理 (II)：定理 2.19 から再掲）

任意の一様可積分マルチンゲール $(M_n)_{n\in\mathbb{N}_0}$ に対し，ある可積分確率変数 M_∞ が存在して

$$M_n \xrightarrow{\text{a.s.}} M_\infty, \quad \text{as } n \to \infty,$$

$$\lim_{n\to\infty} \mathsf{E}[|M_n - M_\infty|] = 0,$$

$$M_n = \mathsf{E}[M_\infty|\mathcal{F}_n] \quad \text{a.s.}, \quad \forall n \in \mathbb{N}_0,$$

が成り立つ．　◁

証明　一様可積分マルチンゲールは L^1-有界であるから，定理 2.17（または，系 4.8）により，ある可積分確率変数 M_∞ が存在して

$$M_n \xrightarrow{\text{a.s.}} M_\infty, \quad \text{as } n \to \infty,$$

が成り立つ．もちろん $M_n \xrightarrow{\text{P}} M_\infty$ も成り立つので，$(M_n)_{n\in\mathbb{N}_0}$ が一様可積分であることと併せて，定理 1.9 より

$$\lim_{n\to\infty} \mathsf{E}[|M_n - M_\infty|] = 0$$

を得る．

「$M_n = \mathsf{E}[M_\infty|\mathcal{F}_n]$ a.s., $\forall n \in \mathbb{N}_0$」を示すために，任意の $n \in \mathbb{N}_0$ と $A \in \mathcal{F}_n$ をとる．任意の $m \in \mathbb{N}_0$ に対し，

$$\begin{aligned}
&|\mathsf{E}[M_\infty 1_A] - \mathsf{E}[M_n 1_A]| \\
&\quad \le |\mathsf{E}[M_\infty 1_A] - \mathsf{E}[M_{n+m} 1_A]| + |\mathsf{E}[M_{n+m} 1_A] - \mathsf{E}[M_n 1_A]| \\
&\quad = |\mathsf{E}[M_\infty 1_A] - \mathsf{E}[M_{n+m} 1_A]| \\
&\quad \le \mathsf{E}[|M_\infty - M_{n+m}|] \to 0, \quad \text{as } m \to \infty,
\end{aligned}$$

がわかる．よって $\mathsf{E}[M_\infty 1_A] = \mathsf{E}[M_n 1_A]$ であり，$M_n = \mathsf{E}[M_\infty|\mathcal{F}_n]$ a.s. が示された．　□

定理 4.9（定理 2.19）が証明されたことにより，一様可積分マルチンゲールが必ず基本マルチンゲールであることが直ちにわかる．逆に，基本マ

ルチンゲールが必ず一様可積分であることは補題1.5からすでにわかっていたことである．結局，基本マルチンゲールであることと，一様可積分マルチンゲールであることは，同値である．これにより，系2.21で予告していた，本書の主目標の一つが達成された．

最後に，L^1-有界マルチンゲールが必ずしも基本マルチンゲール（一様可積分マルチンゲール）ではないことを，例を提示することによって確かめよう．例2.10ではL^1-有界であるマルチンゲール（つまり条件(4.6)が満たされているマルチンゲール）が構成されたので，系4.8より，ある可積分極限M_∞が存在して

$$M_n \xrightarrow{\text{a.s.}} M_\infty, \quad \text{as } n \to \infty,$$

となる．実際，簡単な計算（演習2.8を参照）により，$n \to \infty$とするとき

$$M_n \xrightarrow{\text{a.s.}} \begin{cases} 0, & p \neq 1/2 \text{ のとき}, \\ 1, & p = 1/2 \text{ のとき} \end{cases}$$

がわかる．しかしこの極限M_∞は，$p = 1/2$のときを除いて，“$M_n = \mathsf{E}[M_\infty|\mathcal{F}_n]$” を満たしていない．したがって，例2.10で構成されたL^1-有界マルチンゲールは，$p = 1/2$の場合を除いて，基本マルチンゲール（一様可積分マルチンゲール）ではない．

第 5 章

マルチンゲールを用いた進んだ研究のために

この章では，マルチンゲールを用いたより進んだ研究のために有用となるツールを紹介する．

5.1 節と 5.2 節は，必修の学習事項である．5.3 節は 1 次元マルチンゲールに対するよく知られた不等式の紹介であり，そのため証明を他書への参照に譲るものもある．

いっぽう，5.4 節では，今後の高次元統計学の研究のために有用となることが期待される比較的あたらしい不等式を，完全証明とともに提示する．

5.1　ドット過程とマルチンゲール変換

この節で扱う「ドット過程」は，連続時間マルチンゲール理論における「確率積分」の原型である．

定義 5.1 （ドット過程）

確率過程 $(H_n)_{n\in\mathbb{N}}$ と $(X_n)_{n\in\mathbb{N}_0}$ が与えられたとき，ドット過程 $(H \bullet X_n)_{n\in\mathbb{N}_0}$ を

$$
\begin{aligned}
H \bullet X_0 &= 0, \\
H \bullet X_n &= \sum_{k=1}^{n} H_k \Delta X_k \\
&= \sum_{k=1}^{n} H_k (X_k - X_{k-1}), \quad \forall n \in \mathbb{N},
\end{aligned}
$$

によって定義する. ◀

この定義により, X_0 の値に依存せず, ドット過程 $(H \bullet X)_{n\in\mathbb{N}_0}$ は原点から出発する確率過程となる. なお,「ドット過程」という用語は, 学術的に広く認められたものではない. 公的な場での使用には注意を要する.

また, $(X_n)_{n\in\mathbb{N}_0}$ がはじめから

$$
X_n = X_0 + \sum_{k=1}^{n} \xi_k
$$

の形で与えられている場合には, もちろん,

$$
\begin{aligned}
H \bullet X_0 &= 0, \\
H \bullet X_n &= \sum_{k=1}^{n} H_k \xi_k, \quad \forall n \in \mathbb{N},
\end{aligned}
$$

である.

定理 5.2

可予測過程 $(H_n)_{n\in\mathbb{N}}$ と適合過程 $(X_n)_{n\in\mathbb{N}_0}$ が与えられたとし, 各 $H \bullet X_n$ が可積分であることを仮定する.

(i) $(H_n)_{n\in\mathbb{N}}$ が非負過程で, $(X_n)_{n\in\mathbb{N}_0}$ が劣マルチンゲールならば, $(H \bullet X_n)_{n\in\mathbb{N}_0}$ は原点から出発する劣マルチンゲールである.
(ii) $(H_n)_{n\in\mathbb{N}}$ が非負過程で, $(X_n)_{n\in\mathbb{N}_0}$ が優マルチンゲールならば, $(H \bullet X_n)_{n\in\mathbb{N}_0}$ は原点から出発する優マルチンゲールである.
(iii) $(X_n)_{n\in\mathbb{N}_0}$ がマルチンゲールならば, $(H \bullet X_n)_{n\in\mathbb{N}_0}$ は原点から出発

するマルチンゲールである（これを**マルチンゲール変換** (martingale transformation) とよぶ）. ◁

証明　(i), (ii) はいずれも $(X_n)_{n\in\mathbb{N}_0}$ をドゥーブ分解して $X_n = A_n + M_n$ と表すところが出発点である. (i) の場合には $(A_n)_{n\in\mathbb{N}_0}$ が増加過程, (ii) の場合には $(-A_n)_{n\in\mathbb{N}_0}$ が増加過程となることから, 定理の主張は明らかである.

(iii) は, ドット過程の構成法から明らかである. □

演習 5.1　非負適合過程 $(H_n)_{n\in\mathbb{N}}$ と増加過程 $(X_n)_{n\in\mathbb{N}_0}$ が与えられたとき, $(H \bullet X_n)_{n\in\mathbb{N}_0}$ は増加過程である. このことを証明せよ.

5.2　二次変分と可予測二次変分

復習として, 定義 3.9 で与えた可予測過程, 増加過程の意味を思い出してから, 以下のあたらしい定義に取り掛かられたい.

定義 5.3（二次変分）

確率過程 $(X_n)_{n\in\mathbb{N}_0}$ が与えられたとき,

$$[X]_0 = 0,$$
$$[X]_n = \sum_{k=1}^{n} (X_k - X_{k-1})^2, \quad \forall n \in \mathbb{N},$$

によって定義される増加過程 $([X]_n)_{n\in\mathbb{N}_0}$ を**二次変分** (quadratic variation) という. ◀

定義 5.4（可予測二次変分）

マルチンゲール $(M_n)_{n\in\mathbb{N}_0}$ であって各 M_n^2 が可積分であるものが与えられたとき,

$$\langle M\rangle_0 = 0,$$
$$\langle M\rangle_n = \sum_{k=1}^{n} \mathsf{E}[(M_k - M_{k-1})^2 | \mathcal{F}_{k-1}], \quad \forall n \in \mathbb{N},$$

によって定義される可予測増加過程 $(\langle M\rangle_n)_{n\in\mathbb{N}_0}$ を，**可予測二次変分** (predictable quadratic variation) という． ◀

なお，二次変分は必ず増加過程になる．いっぽう可予測二次変分は，正確にいえば，定義の中で現れる条件付き期待値の除外集合の値をうまくとれば，（可予測）増加過程になる，というのが上述の定義に込められた意味である．

定理 5.5

$(M_n)_{n\in\mathbb{N}_0}$ が原点を出発するマルチンゲールであって各 M_n^2 が可積分であるとき，次の三つの確率過程

(a) $(M_n^2 - [M]_n)_{n\in\mathbb{N}_0}$
(b) $([M]_n - \langle M\rangle_n)_{n\in\mathbb{N}_0}$
(c) $(M_n^2 - \langle M\rangle_n)_{n\in\mathbb{N}_0}$

はすべて原点から出発するマルチンゲールである． ◁

証明 (a) 各 $n \in \mathbb{N}$ に対し，

$$(M_n^2 - [M]_n) - (M_{n-1}^2 - [M]_{n-1}) = 2M_{n-1}(M_n - M_{n-1})$$

であるから，その $\mathcal{F}_{n-1}$-条件付き期待値は a.s. で 0 である．

(b) 各 $n \in \mathbb{N}$ に対し，

$$\begin{aligned}&([M]_n - \langle M\rangle_n) - ([M]_{n-1} - \langle M\rangle_{n-1}) \\ &= (M_n - M_{n-1})^2 - \mathsf{E}[(M_n - M_{n-1})^2 | \mathcal{F}_{n-1}]\end{aligned}$$

であるから，その $\mathcal{F}_{n-1}$-条件付き期待値は a.s. で 0 である．

(c) は，(a) と (b) から明らかである． □

定理 5.6

マルチンゲール $(M_n)_{n\in\mathbb{N}_0}$ であって各 M_n^2 が可積分であるものが与えられたとし，また可予測過程 $(H_n)_{n\in\mathbb{N}}$ であって各 $H_n^2(M_n - M_{n-1})^2$ が可積分であるものが与えられたとする．このとき，次が成り立つ．

(i) $[H \bullet M]_n = H^2 \bullet [M]_n, \quad \forall n \in \mathbb{N}_0.$

(ii) $\langle H \bullet M\rangle_n = H^2 \bullet \langle M\rangle_n, \quad \forall n \in \mathbb{N}_0.$

(iii) 三つの確率過程 $((H \bullet M_n)^2)_{n\in\mathbb{N}_0}$, $(H^2 \bullet [M]_n)_{n\in\mathbb{N}_0}$, $(H^2 \bullet \langle M\rangle_n)_{n\in\mathbb{N}_0}$ のいずれの二つの差も，原点から出発するマルチンゲールである． ◁

証明 (i) と (ii) は，それぞれ二次変分と可予測二次変分の定義から明らかである．

(iii) を示すには，(i) と (ii) に加えて定理 5.5 も用いればよい． □

5.3 マルチンゲールに関するよく知られた定理

5.3.1 バークホルダーの不等式

まずは著名な**バークホルダーの不等式** (Burkholder's inequality) から紹介しよう．

定理 5.7 （バークホルダーの不等式）

任意の $p \geq 1$ に対して，定数 $c_p, C_p > 0$ が存在して，原点から出発するいかなるマルチンゲール $(M_n)_{n\in\mathbb{N}_0}$ に対しても

$$c_p\mathsf{E}[[M]_n^{p/2}] \leq \mathsf{E}\left[\max_{1\leq j\leq n} |M_j|^p\right] \leq C_p\mathsf{E}[[M]_n^{p/2}]$$

が成り立つ． ◁

この定理およびその周辺については Chou and Teicher (1997) の 11.2–11.3 節に詳しく書いてある．第二不等式（上からの評価不等式）の $p \geq 2$ の場合については，舟木 (2004) の定理 6.32 の証明がわかりやすい．

この定理はドゥーブの不等式（定理 3.7）の「拡張」であるとみなすこ

とができる．ただし，ドゥーブの不等式の右辺とバークホルダーの第二不等式の右辺を比較したとき，定数倍の部分を除いて，前者における $\mathsf{E}[|M_n|^p]$ が後者では $\mathsf{E}[[M]_n^{p/2}]$ に置き換わっている点は異なっている．しかし特に $p=2$ のときには，$(M_n^2-[M]_n)_{n\in\mathbb{N}_0}$ がマルチンゲールであることからこれらの値は一致する．

5.3.2 レングラールの不等式とその系

本項では**レングラールの不等式** (Lenglart's inequality) とその系を紹介する．手始めに，定義を一つ用意する．

定義 5.8 (L-支配)

二つの適合過程 $X=(X_n)_{n\in\mathbb{N}_0}$ と $Y=(Y_n)_{n\in\mathbb{N}_0}$ が与えられたとき，X が Y によって ***L*-支配される** (L-dominated) とは $\mathsf{E}[|X_\tau|]\le\mathsf{E}[|Y_\tau|]$ が任意の有界停止時刻 τ に対して成り立つときにいう． ◀

次の不等式は Lenglart (1977) による．

定理 5.9 (レングラールの不等式)

$(X_n)_{n\in\mathbb{N}_0}$ は非負適合過程であるとし，$(A_n)_{n\in\mathbb{N}_0}$ は $A_0\ge 0$ が定数で，かつ $(A_n-A_0)_{n\in\mathbb{N}_0}$ が可予測増加過程であるとする．もしも $(X_n)_{n\in\mathbb{N}_0}$ が $(A_n)_{n\in\mathbb{N}_0}$ によって L-支配されるならば，任意の停止時刻 τ に対して

$$\mathsf{P}\left(\sup_{n\le\tau}X_n>\eta\right)\le\frac{\mathsf{E}[A_\tau\wedge\delta]}{\eta}+\mathsf{P}(A_\tau\ge\delta),\quad\forall\eta,\delta>0,\tag{5.1}$$

および

$$\mathsf{E}\left[\sup_{n\le\tau}(X_n)^p\right]\le\left(\frac{2-p}{1-p}\right)\mathsf{E}[(A_\tau)^p],\quad\forall p\in(0,1),\tag{5.2}$$

が成り立つ[1]． ◁

---

[1] ある $\omega\in\Omega$ に対して $\tau(\omega)=\infty$ である場合には，"A_τ" は $A_\infty(\omega)=\lim_{n\to\infty}A_n(\omega)$ であると読むことにする．この定義は $A_\infty(\omega)=\infty$ の可能性も許して考えれば，すべての $\omega\in\Omega$ に対して well-defined である．なぜなら $n\mapsto A_n(\omega)$ が n に関して非減少であるからである．

注意 5.10

仮定の一つである A_0 が非負定数であることは，それが $\mathcal{F}_0$-可測な非負確率変数であるという仮定まで緩められそうに思う読者もいらっしゃるかもしれないが，実は次のような反例があるので，それはできない．

与えられた定数 $a, q \in (0,1)$ に対し，$X_0 = 0$ および $X_n = aq$, $\forall n \in \mathbb{N}$, とおき，

$$A_0 = \begin{cases} a, & \text{確率 } q, \\ 0, & \text{確率 } 1-q \end{cases}$$

および $A_n = A_0$, $\forall n \in \mathbb{N}$, とおく．このとき，定理の仮定は A_0 が定数であることを除いてすべて満たされている．しかし，もし定理を $\tau = 1$ に対して「適用」すれば，次のような矛盾が生じる．

$\eta = a^2 q$ および $\delta = a^3$ に対する定理 5.9 の第一不等式 (5.1) は

$$1 \leq \frac{a^3 q}{a^2 q} + q = a + q$$

となるが，右辺は 1 より小さくなることもある．

第二不等式 (5.2) は

$$(aq)^p \leq \frac{2-p}{1-p} a^p q$$

となるが，これは

$$1 \leq \frac{2-p}{1-p} q^{1-p}$$

と同値であり，その右辺は，任意の固定された $p \in (0,1)$ に対し，1 より小さくなることもある．

注意 5.11

マルチンゲール理論の標準的な教科書では，通常 $A_0 = 0$ であることが仮定される．それを僅かに緩めた仮定に置き換えたものをここで提示する理由は，5.4 節で「確率的最大不等式」を応用するにあたって，このように拡張されたヴァージョンが必要になるからである．

レングラールの不等式の証明を述べる前に，それから直ちに得られる系を紹介しておこう．

定理 5.12 （レングラールの不等式の系）

$(\xi_k)_{k \in \mathbb{N}}$ はマルチンゲール差分列であって $\mathsf{E}[\xi_k^2] < \infty$, $\forall k \in \mathbb{N}$, を満たすものであるとする．このとき，任意の停止時刻 τ と任意の定数 $\eta, \delta > 0$ に対し

$$\mathsf{P}\left(\sup_{n\le\tau}\left|\sum_{k=1}^{n}\xi_k\right|>\eta\right)\le\frac{\delta}{\eta^2}+\mathsf{P}\left(\sum_{k=1}^{\tau}\mathsf{E}[\xi_k^2|\mathcal{F}_{k-1}]\ge\delta\right)$$

が成立する. ◁

証明 定理 5.9 において $X_n=(\sum_{k=1}^{n}\xi_k)^2$, $A_n=\sum_{k=1}^{n}\mathsf{E}[\xi_k^2|\mathcal{F}_{k-1}]$ とおけばよい. □

定理 5.9 の証明 不等式 (5.1) を示そう. まず $\tau_K=\tau\wedge K$, $\forall K\in\mathbb{N}$, とおく. $\max_{n\le\tau_K}X_n$ と A_{τ_K} はともに K に関し非減少であるから,

$$\lim_{K\to\infty}\mathsf{P}\left(\max_{n\le\tau_K}X_n>\eta\right)=\mathsf{P}\left(\sup_{n\le\tau}X_n>\eta\right),$$
$$\lim_{K\to\infty}\frac{\mathsf{E}[A_{\tau_K}\wedge\delta]}{\eta}=\frac{\mathsf{E}[A_\tau\wedge\delta]}{\eta},$$
$$\lim_{K\to\infty}\mathsf{P}\left(A_{\tau_K}\ge\delta\right)\le\mathsf{P}\left(A_\tau\ge\delta\right)$$

となる (1.3.1 項における議論を思い起こされたい). よって, 不等式 (5.1) を各 τ_K に対して示せば十分である. 言い換えれば, 停止時刻 τ は有界であると仮定してよい.

定数 A_0 が正であるとき, 不等式 (5.1) は $\delta\le A_0$ に対しては自明である (右辺第二項が 1 であるから). そこで, $A_0=0$ のときを含めて, $\delta':=\delta-A_0>0$ である場合を考えよう. まず $\rho=\min(n:X_n>\eta)$ および $\sigma=\min(n:A_n-A_0\ge\delta')=\min(n:A_n\ge\delta)$ とおく. すると $\rho,\sigma\ge1$ であり, また ρ および $\sigma-1$ が停止時刻であることがすぐにわかる (これらを演習 5.2 として証明せよ). ここで $\{\max_{n\le\tau}X_n>\eta\}\subset\{A_\tau\ge\delta\}\cup\{\rho\le\tau<\sigma\}$ であるから,

$$\mathsf{P}\left(\max_{n\le\tau}X_n>\eta\right)\le\mathsf{P}(\rho\le\tau<\sigma)+\mathsf{P}(A_\tau\ge\delta)$$

が成り立つ. 右辺の第一項については,

$$\begin{aligned}
\mathsf{P}(\rho \le \tau < \sigma) &\le \mathsf{P}(\rho \le \tau \le (\sigma - 1)) \\
&\le \mathsf{P}(X_{\rho\wedge\tau\wedge(\sigma-1)} > \eta) \\
&\le \frac{1}{\eta}\mathsf{E}[X_{\rho\wedge\tau\wedge(\sigma-1)}] \\
&\le \frac{1}{\eta}\mathsf{E}[A_{\rho\wedge\tau\wedge(\sigma-1)}]
\end{aligned}$$

を得る．ただし最後の不等式において τ が有界停止時刻であることを用いた．よって，$A_{\rho\wedge\tau\wedge(\sigma-1)} \le A_{\tau\wedge(\sigma-1)} \le A_\tau \wedge \delta$ を考慮すると，不等式 (5.1) が証明された．

不等式 (5.2) の証明に移ろう．まず $X_\tau^* := \sup_{n\le\tau} X_n$ とおくと，不等式 (5.1) も用いて

$$\begin{aligned}
\mathsf{E}[(X_\tau^*)^p] &= \mathsf{E}\left[\int_0^{(X_\tau^*)^p} dt\right] \\
&= \mathsf{E}\left[\int_0^\infty 1\{(X_\tau^*)^p > t\}dt\right] \\
&= \int_0^\infty \mathsf{P}((X_\tau^*)^p > t)dt \\
&= \int_0^\infty \mathsf{P}(X_\tau^* > t^{1/p})dt \\
&\le \int_0^\infty t^{-1/p}\mathsf{E}[A_\tau \wedge t^{1/p}]dt + \int_0^\infty \mathsf{P}((A_\tau)^p \ge t)dt \\
&= \mathsf{E}\left[\int_0^{(A_\tau)^p} dt + \int_{(A_\tau)^p}^\infty (A_\tau t^{-1/p})dt + (A_\tau)^p\right] \\
&= \frac{2-p}{1-p}\mathsf{E}[(A_\tau)^p]
\end{aligned}$$

を得る．これで証明は完了した． □

演習 5.2 定理 5.9 の証明において現れる ρ および $\sigma - 1$ が停止時刻であることを確かめよ．

5.3.3 ベルンシュタインの不等式

高次元統計学を研究されている読者諸氏は，互いに独立な平均 0 の確率変数の和に対する**ベルンシュタインの不等式** (Bernstein's inequality)

のことはご存じであろう．ただ，読みやすい証明がなかなか見当たらなくて困っている方もおられるかも知れない．そこで，ベルンシュタインの不等式とその一般化の証明を，より広いマルチンゲールの枠組みで（なるべくわかりやすく）記載しておく．

次の定理は Freedman (1975) による．

定理 5.13（ベルンシュタイン不等式のマルチンゲール版）

与えられたマルチンゲール差分列 $(\xi_k)_{k\in\mathbb{N}}$ に対し，ある定数 $a>0$ が存在して，すべての $k\in\mathbb{N}$ に対し $|\xi_k|\le a$ が満たされているとする．このとき，任意の $x,v>0$ と任意の停止時刻 τ に対して

$$\mathsf{P}\left(\sup_{n\le\tau}\left|\sum_{k=1}^{n}\xi_k\right|>x \text{ かつ } \sum_{k=1}^{\tau}\mathsf{E}[\xi_k^2|\mathcal{F}_{k-1}]\le v\right)\le 2\exp\left(-\frac{x^2}{2(ax+v)}\right)$$

が成り立つ． ◁

証明　この定理は，次の定理 5.14 の特別な場合として導出できる．実際，定理 5.14 の条件 (5.3) は $V_n=\sum_{k=1}^{n}\mathsf{E}[\xi_k^2|\mathcal{F}_{k-1}]$ に対して成り立っている． □

次の定理は van de Geer (1995) による．

定理 5.14（一般化ベルンシュタイン不等式のマルチンゲール版）

与えられたマルチンゲール差分列 $(\xi_k)_{k\in\mathbb{N}}$ に対し，ある定数 $a>0$ と可予測増加過程 $(V_n)_{n\in\mathbb{N}_0}$ が存在して

$$\sum_{k=1}^{n}\mathsf{E}[|\xi_k|^m|\mathcal{F}_{k-1}]\le\frac{m!}{2}a^{m-2}V_n,\quad \text{a.s.}\quad \forall n\in\mathbb{N},\quad m=2,3,\ldots,\tag{5.3}$$

が満たされていると仮定する．このとき，任意の $x,v>0$ と任意の停止時刻 τ に対して

$$\mathsf{P}\left(\sup_{n\le\tau}\left|\sum_{k=1}^{n}\xi_k\right|>x \text{ かつ } V_\tau\le v\right)\le 2\exp\left(-\frac{x^2}{2(ax+v)}\right)$$

が成り立つ. ◁

証明 以下, 記号

$$M_0 = 0 \quad \text{および} \quad M_n = \sum_{k=1}^{n} \xi_k, \quad \forall n \in \mathbb{N},$$

も併用する. 最初に, τ としては**有界**停止時刻に対して定理の主張を示せば十分であることを示そう. 仮に停止時刻 τ が有界ではないとして, $\tau_K := \tau \wedge K$ (ただし $K \in \mathbb{N}$) に対する不等式

$$\mathsf{P}\left(\sup_{n \le \tau_K} |M_n| > x \text{ かつ } V_{\tau_K} \le v\right) \le \exp\left(-\frac{x^2}{2(ax+v)}\right)$$

が証明できたとする. この不等式の左辺は

$$\mathsf{P}\left(\sup_{n \le \tau_K} |M_n| > x \text{ かつ } V_\tau \le v\right) = \mathsf{P}\left(\sup_{n \le \tau_K} |M_n| \cdot 1\{V_\tau \le v\} > x\right)$$

よりも小さくない. 右辺において $K \to \infty$ とすることにより,

$$\begin{aligned}
&\lim_{K \to \infty} \mathsf{P}\left(\sup_{n \le \tau_K} |M_n| \cdot 1\{V_\tau \le v\} > x\right) \\
&= \mathsf{P}\left(\lim_{K \to \infty} \sup_{n \le \tau_K} |M_n| \cdot 1\{V_\tau \le v\} > x\right) \\
&= \mathsf{P}\left(\sup_{n \le \tau} |M_n| \cdot 1\{V_\tau \le v\} > x\right) \\
&= \mathsf{P}\left(\sup_{n \le \tau} |M_n| > x \text{ かつ } V_\tau \le v\right)
\end{aligned}$$

がわかるので, もとの (有界とは限らない) 停止時刻 τ に関する不等式が得られることになる. そういうわけで, 以下では τ は有界停止時刻であると仮定してよい.

さて, 任意の定数 $\lambda \in (0, 1/a)$ に対し,

$$A_0 = 0 \quad \text{および} \quad A_n = \sum_{k=1}^{n} \mathsf{E}\left[\exp(\lambda|\xi_k|) - 1 - \lambda|\xi_k| \,|\, \mathcal{F}_{k-1}\right], \quad \forall n \in \mathbb{N},$$

とおく. さらに $X_n = \lambda M_n - A_n$ とおく.

これより $(\exp(X_n))_{n \in \mathbb{N}_0} = (\exp(\lambda M_n - A_n))_{n \in \mathbb{N}_0}$ が優マルチンゲールであることを示していこう.

$$\begin{aligned}
&\exp(X_n) - \exp(X_{n-1}) \\
&= \exp(X_{n-1}) \{\exp(\lambda\xi_n - (A_n - A_{n-1})) - 1\} \\
&= \exp(X_{n-1}) \left\{ \frac{1 + \lambda\xi_n + \exp(\lambda\xi_n) - 1 - \lambda\xi_n}{\exp(A_n - A_{n-1})} - 1 \right\} \\
&\le \exp(X_{n-1}) \left\{ \frac{1 + \lambda\xi_n + \exp(\lambda|\xi_n|) - 1 - \lambda|\xi_n|}{\exp(A_n - A_{n-1})} - 1 \right\}
\end{aligned}$$

であるから,

$$\begin{aligned}
&\mathsf{E}[\exp(X_n) - \exp(X_{n-1}) | \mathcal{F}_{n-1}] \\
&\le \exp(X_{n-1}) \left\{ \frac{1 + (A_n - A_{n-1})}{\exp(A_n - A_{n-1})} - 1 \right\} \quad \text{a.s.} \\
&\le 0
\end{aligned}$$

が得られ, $\exp(X_n)_{n\in\mathbb{N}_0}$ が優マルチンゲールであることが示された.

$E = \{\sup_{n\le\tau} M_n > x$ かつ $V_\tau \le v\}$ とおき, 有界停止時刻 $\sigma = \min(n \in \mathbb{N}_0 : M_n > x) \wedge \tau$ を導入する. 任意抽出定理より

$$\mathsf{E}[\exp(X_\sigma) 1_E] \le \mathsf{E}[\exp(X_\sigma)] \le 1 \tag{5.4}$$

が成り立つ. いっぽう, 仮定より

$$A_n = \sum_{m=2}^{\infty} \frac{\lambda^m}{m!} \mathsf{E}[|\xi_n|^m | \mathcal{F}_{n-1}] \le \frac{\lambda^2}{2(1-\lambda a)} V_n \quad \text{a.s.}$$

であるから, 事象 E 上では

$$\exp(X_\sigma) \ge \exp\left(\lambda x - \frac{\lambda^2}{2(1-\lambda a)} v\right) \tag{5.5}$$

が成り立つ. これら (5.4) と (5.5) を併せて

$$\mathsf{P}(E) \le \exp\left(-\lambda x + \frac{\lambda^2}{2(1-\lambda a)} v\right)$$

を得る. ここで $\lambda \in (0, 1/a)$ であったから, 特に

$$\lambda = \frac{x/v}{1 + (ax/v)}$$

を代入して

$$\mathsf{P}\left(\sup_{n\le\tau} M_n > x \text{ かつ } V_\tau \le v\right) = \mathsf{P}(E) \le \exp\left(-\frac{x^2}{2(ax+v)}\right)$$

が得られる.

M を $-M$ に取り替えても同じ不等式が得られるので，結局

$$\mathsf{P}\left(\sup_{n\le\tau} |M_n| > x \text{ かつ } V_\tau \le v\right) \le 2\exp\left(-\frac{x^2}{2(ax+v)}\right)$$

が証明できた. □

（一般化）ベルンシュタイン不等式（のマルチンゲール版）は，次の補題と組み合わせて使用することができる.

補題 5.15（最大不等式）

$a, b > 0$ は与えられた定数であるとする．もしも確率変数 $X_1, X_2, \ldots, X_p$ が

$$\mathsf{P}(|X_i| > x) \le 2\exp\left(-\frac{x^2}{2(ax+b)}\right), \quad \forall x \ge 0, \quad i = 1, 2, \ldots, p,$$

を満たすならば，任意の $q \ge 1$ に対して q だけに依存する定数 $K_q > 0$ が存在して

$$\left(\mathsf{E}\left[\max_{1\le i\le p} |X_i|^q\right]\right)^{1/q} \le K_q\left(a\log(1+p) + \sqrt{b}\sqrt{\log(1+p)}\right)$$

が成立する. ◁

この補題の証明は，van der Vaart and Wellner (1996) の Lemma 2.2.10 に書いてある．関連する不等式を，本書でも後に補題 6.2 として紹介し証明する.

（一般化）ベルンシュタイン不等式のマルチンゲール版と補題 5.15 を組み合わせるアプローチでスパース高次元統計学の研究を行った文献として，Fujimori and Nishiyama (2017ab), Fujimori (2019ab, 2022) が挙げられる．これらの文献では，生存解析での Cox 比例ハザードモデルや確率微分方程式の統計モデルが，連続時間マルチンゲールの枠組みで取り扱

われ，ダンツィヒ・セレクタの一致性や漸近正規性等が導出されている．

5.3.4 マルチンゲール中心極限定理

本項では，マルチンゲール中心極限定理を紹介する．本書のこの部分に限り，（固定された一つの確率基ではなく）確率基の列

$$\mathbf{B}^n = (\Omega^n, \mathcal{F}^n, (\mathcal{F}_k^n)_{k\in\mathbb{N}_0}, \mathsf{P}^n), \quad \forall n \in \mathbb{N},$$

を用意する．

定理 5.16 （マルチンゲール中心極限定理）

各 $n \in \mathbb{N}$ に対し，$(\xi_k^n)_{k\in\mathbb{N}_0} = (\xi_k^{n,1}, \ldots, \xi_k^{n,p})_{k\in\mathbb{N}_0}^\top$ は確率基 $\mathbf{B}^n$ 上で定義された p 次元マルチンゲール差分列であって $\mathsf{E}[||\xi_k^n||^2] < \infty$ がすべての n, k について成り立つと仮定する．τ_n は $\mathbf{B}^n$ 上で定義された有限停止時刻で，$n \to \infty$ とするとき

$$\sum_{k=1}^{\tau_n} \mathsf{E}^n[\xi_k^{n,i}\xi_k^{n,j}|\mathcal{F}_{k-1}^n] \xrightarrow{\mathrm{p}} C^{(i,j)}, \quad (i,j) \in \{1,2,\ldots,p\}^2, \quad \text{極限は定数},$$

$$\sum_{k=1}^{\tau_n} \mathsf{E}^n\left[||\xi_k||^2 1\{||\xi_k^n|| > \varepsilon\}|\mathcal{F}_{k-1}\right] \xrightarrow{\mathrm{p}} 0, \quad \forall\varepsilon > 0,$$

が満たされると仮定する．このとき

$$\sum_{k=1}^{\tau_n} \xi_k^n \xrightarrow{\mathrm{d}} N(0,\Sigma), \quad \Sigma = (C^{(i,j)})_{(i,j)\in\{1,2,\ldots,p\}^2},$$

が成り立つ． ◁

この定理はさまざまな文献において扱われているが，ピンポイントで読みやすい証明が書いてあるものは意外と少ない．洋書にはなるが，拙著 Nishiyama (2022) の 7.1.1 節にコンパクトにまとまった解説が書いてあるので参照されたい．

5.4　確率的最大不等式とその系

この節では，拙著 Nishiyama (2022) の A1.1 節において発表された比較的あたらしい不等式を紹介する（証明には若干の工夫を加えてある）．それらの一部は，本書の第 6 章において高次元統計学に応用される．

補題 5.17（確率的最大不等式 (stochastic maximal inequality)）
任意の整数 $p \geq 1$ と任意の p 次元マルチンゲール差分列 $\xi = (\xi^1, \ldots, \xi^p)^\top$ が与えられたとする．

(i) 任意の定数 $\sigma > 0$ に対し，原点から出発する（1 次元）マルチンゲール M' であって次の不等式を満たすものが存在する：任意の $n \in \mathbb{N}$ に対し

$$\max_{1\leq i\leq p}\left|\sum_{k=1}^{n}\xi_k^i\right| \leq \left(\sigma + \sigma^{-1}\sum_{k=1}^{n}\max_{1\leq i\leq p}(\xi_k^i)^2\right)\sqrt{\log(1+p)} + M'_n \quad \text{a.s.}$$

(ii) もし $\mathsf{E}[||\xi_k||^2] < \infty$, $\forall k \in \mathbb{N}$, ならば，任意の定数 $\sigma > 0$ に対し，原点から出発する（1 次元）マルチンゲール M'' であって次の不等式を満たすものが存在する：任意の $n \in \mathbb{N}$ に対し

$$\begin{aligned}&\max_{1\leq i\leq p}\left|\sum_{k=1}^{n}\xi_k^i\right| \\ &\quad \leq \left(\sigma + \sigma^{-1}\sum_{k=1}^{n}\mathsf{E}\left[\max_{1\leq i\leq p}(\xi_k^i)^2\middle|\mathcal{F}_{k-1}\right]\right)\sqrt{\log(1+p)} + M''_n \quad \text{a.s.}\end{aligned}$$

◁

証明　以下では，

$$M_0^i = 0 \quad \text{および} \quad M_n^i = \sum_{k=1}^{n}\xi_k^i, \quad \forall n \in \mathbb{N}, \quad i = 1, 2, \ldots, p,$$

という記号も併用していく．$M_n^i - M_{n-1}^i = \xi_n^i$ が成り立つことに注意されたい．

まず

$$
\begin{aligned}
&\frac{\max_{1\le i\le p}|M_n^i|}{c} \\
&= \log\left(\exp\left(\max_{1\le i\le p}|M_n^i|/c\right)\right) \\
&\le \log\left(1+\sum_{i=1}^{p}\left\{\exp(|M_n^i|/c)-1\right\}\right) \\
&\le \log\left(1+\sum_{i=1}^{p}\left\{\exp(M_n^i/c)+\exp(-M_n^i/c)-1\right\}\right) \\
&= \log(1+p)+\sum_{k=1}^{n}(f(M_k,c)-f(M_{k-1},c))
\end{aligned}
$$

のような上からの評価を得ておく．ただし任意の $\mathbf{x}=(x_1,\dots,x_p)^\top \in \mathbb{R}^p$ と $c>0$ に対し

$$
f(\mathbf{x},c)=\log\left(1+\sum_{i=1}^{p}\left\{e^{x_i/c}+e^{-x_i/c}-1\right\}\right)
$$

とおく．ここで，

$$
\begin{aligned}
\frac{\partial}{\partial x_i}f(\mathbf{x},c) &= \frac{c^{-1}\{e^{x_i/c}-e^{-x_i/c}\}}{1+\sum_{l=1}^{p}\{e^{x_l/c}+e^{-x_l/c}-1\}}, \\
\frac{\partial^2}{\partial x_i\partial x_j}f(\mathbf{x},c) &= -\frac{c^{-2}\{e^{x_i/c}-e^{-x_i/c}\}\{e^{x_j/c}-e^{-x_j/c}\}}{(1+\sum_{l=1}^{p}\{e^{x_l/c}+e^{-x_l/c}-1\})^2}, \quad (i\ne j), \\
\frac{\partial^2}{(\partial x_i)^2}f(\mathbf{x},c) &= \frac{c^{-2}\{e^{x_i/c}+e^{-x_i/c}\}}{1+\sum_{l=1}^{p}\{e^{x_l/c}+e^{-x_l/c}-1\}} \\
&\quad -\frac{c^{-2}\{e^{x_i/c}-e^{-x_i/c}\}^2}{(1+\sum_{l=1}^{p}\{e^{x_l/c}+e^{-x_l/c}-1\})^2},
\end{aligned}
$$

と計算される．さらに2階微分の項については，任意の $\mathbf{h}=(h_1,h_2,\dots,h_p)^\top \in \mathbb{R}^p$ に対して

$$
\begin{aligned}
&\sum_{i=1}^{p}\sum_{j=1}^{p} h_i \frac{\partial^2}{\partial x_i \partial x_j} f(\mathbf{x}, c) h_j \\
&\quad \le c^{-2} \frac{\sum_{i=1}^{p}\{e^{x_i/c}+e^{-x_i/c}\}h_i^2}{1+\sum_{i=1}^{p}\{e^{x_i/c}+e^{-x_i/c}-1\}} \\
&\qquad - \left(\sum_{i=1}^{p} \frac{c^{-1}\{e^{x_i/c}-e^{-x_i/c}\}h_i}{1+\sum_{l=1}^{p}\{e^{x_l/c}+e^{-x_l/c}-1\}} \right)^2 \\
&\quad \le c^{-2} \frac{\sum_{i=1}^{p}\{e^{x_i/c}+e^{-x_i/c}\}}{1+\sum_{i=1}^{p}\{e^{x_i/c}+e^{-x_i/c}-1\}} \max_{1\le i\le p} h_i^2 \\
&\quad \le c^{-2} \frac{2p+\sum_{i=1}^{p}\{e^{x_i/(2c)}-e^{-x_i/(2c)}\}^2}{1+p+\sum_{i=1}^{p}\{e^{x_i/(2c)}-e^{-x_i/(2c)}\}^2} \max_{1\le i\le p} h_i^2 \\
&\quad \le c^{-2}\cdot 2 \cdot \max_{1\le i\le p} h_i^2
\end{aligned}
$$

と計算される.

よって，テイラー展開を用いて

$$
f(M_k, c) - f(M_{k-1}, c) \le \sum_{i=1}^{p} H_{k-1}^i \xi_k^i + c^{-2} \max_{1\le i\le p} (\xi_k^i)^2,
$$

$$
\text{ただし} \quad H_{k-1}^i = \frac{c^{-1}\{e^{M_{k-1}^i/c}-e^{-M_{k-1}^i/c}\}}{1+\sum_{l=1}^{p}\{e^{M_{k-1}^l/c}+e^{-M_{k-1}^l/c}-1\}},
$$

が得られ，これを用いて

$$
\max_{1\le i\le p} |M_n^i| \le c\log(1+p) + M_n' + c^{-1} \sum_{k=1}^{n} \max_{1\le i\le p} (\xi_k^i)^2
$$

が導かれる．ただし $M_0' = 0$ および $M_n' = c\sum_{i=1}^{p}\sum_{k=1}^{n} H_{k-1}^i \xi_k^i$ によって定められる $(M_n')_{n\in\mathbb{N}_0}$ は（$|H_{k-1}^i| \le c^{-1}$ が容易に確かめられることから）原点から出発するマルチンゲールである.

最後に $c = \sigma/\sqrt{\log(1+p)}$ とおいて，補題の主張 (i) が得られる．主張 (ii) は，(i) から容易に導くことができる. □

系 5.18 （最大不等式）

補題 5.17 と同じ設定で，任意の有限停止時刻 τ に対し

$$\mathsf{E}\left[\max_{1\le i\le p}\left|\sum_{k=1}^{\tau}\xi_k^i\right|\right]\le 2\sqrt{\mathsf{E}\left[\sum_{k=1}^{\tau}\max_{1\le i\le p}(\xi_k^i)^2\right]}\sqrt{\log(1+p)}$$

および

$$\mathsf{E}\left[\max_{1\le i\le p}\left|\sum_{k=1}^{\tau}\xi_k^i\right|\right]\le 2\sqrt{\mathsf{E}\left[\sum_{k=1}^{\tau}\mathsf{E}\left[\max_{1\le i\le p}(\xi_k^i)^2\,\middle|\,\mathcal{F}_{k-1}\right]\right]}\sqrt{\log(1+p)}$$

が成り立つ. $\lhd$

証明 補題 5.17 (i) において，各 $K\in\mathbb{N}$ に対して有界停止時刻 $\tau_K:=\tau\wedge K$ を導入し，任意抽出定理により $\mathsf{E}[M'_{\tau_K}]=\mathsf{E}[M'_0]=0$ であることに注意すると，任意の定数 $K'>0$ に対し

$$\begin{aligned}\mathsf{E}\left[\max_{1\le i\le p}\left|\sum_{k=1}^{\tau_K}\xi_k^i\right|\wedge K'\right]&\le\mathsf{E}\left[\max_{1\le i\le p}\left|\sum_{k=1}^{\tau_K}\xi_k^i\right|\right]\\&\le\left(\sigma+\sigma^{-1}\mathsf{E}\left[\sum_{k=1}^{\tau_K}\max_{1\le i\le p}(\xi_k^i)^2\right]\right)\sqrt{\log(1+p)}\end{aligned}$$

を得る．左辺に有界収束定理，右辺に単調収束定理を適用する（付録 A.2 参照）ことにより，$K\to\infty$ として

$$\mathsf{E}\left[\max_{1\le i\le p}\left|\sum_{k=1}^{\tau}\xi_k^i\right|\wedge K'\right]\le\left(\sigma+\sigma^{-1}\mathsf{E}\left[\sum_{k=1}^{\tau}\max_{1\le i\le p}(\xi_k^i)^2\right]\right)\sqrt{\log(1+p)}$$

がわかる．さらに，左辺に単調収束定理を適用することにより，$K'\to\infty$ として

$$\mathsf{E}\left[\max_{1\le i\le p}\left|\sum_{k=1}^{\tau}\xi_k^i\right|\right]\le\left(\sigma+\sigma^{-1}\mathsf{E}\left[\sum_{k=1}^{\tau}\max_{1\le i\le p}(\xi_k^i)^2\right]\right)\sqrt{\log(1+p)}$$

を得る．最後に，

$$\sigma=\sqrt{\mathsf{E}\left[\sum_{k=1}^{\tau}\max_{1\le i\le p}(\xi_k^i)^2\right]}$$

とおいて第一不等式を得る[2]．

第二不等式は，補題 5.17 (ii) を用いて同様の議論を繰り返すことにより証明できる． □

系 5.19 （多次元マルチンゲールに対するレングラールの不等式）

補題 5.17 (ii) と同じ設定で，任意の停止時刻 τ と任意の定数 $\eta, \sigma > 0$ に対し

$$
\begin{aligned}
&\mathsf{P}\left(\sup_{n\le\tau}\max_{1\le i\le p}\left|\sum_{k=1}^{n}\xi_k^i\right| > \eta\right)\\
&\quad\le \frac{2\sigma\sqrt{\log(1+p)}}{\eta} + \mathsf{P}\left(\sum_{k=1}^{\tau}\mathsf{E}\left[\max_{1\le i\le p}(\xi_k^i)^2\middle|\mathcal{F}_{k-1}\right] \ge \sigma^2\right)
\end{aligned}
$$

が成り立つ． ◁

証明 （通常の）レングラールの不等式（定理 5.9）を

$$
\begin{aligned}
X_n &= \max_{1\le i\le p}\left|\sum_{k=1}^{n}\xi_k^i\right|,\\
A_n &= \left(\sigma + \sigma^{-1}\sum_{k=1}^{n}\mathsf{E}\left[\max_{1\le i\le p}(\xi_k^i)^2\middle|\mathcal{F}_{k-1}\right]\right)\sqrt{\log(1+p)},\\
\delta &= 2\sigma\sqrt{\log(1+p)}
\end{aligned}
$$

に対して適用すればよい． □

演習 5.3 $(\mathcal{X}, \mathcal{A}, P)$ は確率空間であるとし，$X_1, X_2, \ldots$ は $\mathcal{X}$ に値をとる独立確率変数であって同一分布 P に従うものであるとする．$\mathcal{L}_2(P)$ 空間[3]の中の列 $h_1, h_2, \ldots$ であって，ある $H \in \mathcal{L}_2(P)$ に対して $|h_i| \le H$, $\forall i \in \mathbb{N}$, を満たすものが与えられたとする．

---

[2] ここでは $\sigma > 0$ は満たされていると仮定してよい．なぜなら，$\sigma = 0$ であれば $\xi_k^i = 0$ a.s. $(\forall i, k)$ となり，証明しようとしている不等式が自明に正しくなるからである．

[3] 確率空間 $(\mathcal{X}, \mathcal{A}, P)$ が与えられたとき，任意の $q \ge 1$ に対して記号 $\mathcal{L}_q(P)$ を，実数値 $\mathcal{A}$-可測関数 h であって $\int_{\mathcal{X}} |h(x)|^q P(dx) < \infty$ を満たすものの全体を表すものと定義する．

(i) 任意の $n \in \mathbb{N}$ と $p \in \mathbb{N}$ に対し

$$\mathsf{E}\left[\max_{1 \le i \le p}\left|\frac{1}{\sqrt{n}}\sum_{k=1}^{n}\left\{h_i(X_k) - \int_{\mathcal{X}} h_i(x)P(dx)\right\}\right|\right] \le 4\sqrt{\int_{\mathcal{X}} H(x)^2 P(dx)}\sqrt{\log(1+p)}$$

が成り立つことを証明せよ．

(ii) $n \to \infty$ とするとき，もしも $n^{-1}\log(1+p_n) \to 0$ ならば，

$$\max_{1 \le m \le n}\max_{1 \le i \le p_n}\left|\frac{1}{n}\sum_{k=1}^{m}\left\{h_i(X_k) - \int_{\mathcal{X}} h_i(x)P(dx)\right\}\right| \xrightarrow{\mathrm{p}} 0$$

および

$$\lim_{n \to \infty}\mathsf{E}\left[\max_{1 \le i \le p_n}\left|\frac{1}{n}\sum_{k=1}^{n}\left\{h_i(X_k) - \int_{\mathcal{X}} h_i(x)P(dx)\right\}\right|\right] = 0$$

が成り立つことを証明せよ．

第6章

高次元スパース推定への応用例

この章では，確率過程に対する高次元統計学の雛形として，「AR(p_n) モデル」に対して**ダンツィヒ・セレクタ** (Dantzig selector, Candès and Tao (2007)) と **LASSO** (Least Absolute Shrinkage and Selection Operator, Tibshirani (1996)) を適用することを例示する．これら二つの著名な手法を統一的に扱う俯瞰的見地は，Bickel *et al.* (2009) の啓発による．この章の最終目標は，AR(p_n) の高次元モデル（すなわち $n \to \infty$ とするとき $p_n \to \infty$ となるモデル）において，それぞれの l_2 一致性を証明することである．

6.1 節において，スパース高次元に共通するセットアップの記載と，AR(p_n) モデルに特有の準備を行う．

6.2 節でダンツィヒ・セレクタ，6.3 節で LASSO の解析をそれぞれ行う．マルチンゲールのツールの使用が議論の鍵となる．

以上がこの章の要旨となるが，ここでマルチンゲール理論はもっとスタンダードな統計手法にも成功裡に適用されてきたことにも言及しておきたい．例えば，前書きでも触れた生存解析への計数過程アプローチや，数理ファイナンスでの確率微分方程式に基づくモデリングが挙げられる（これらについては，例えば拙著 西山 (2011) を参照されたい）．また，離散時間マルチンゲールの枠組みでは，熊谷 (2003) において最適戦術やオプションの価格付けへの応用が解説されている．

6.1 問題設定と準備

確率過程 $(Y_i)_{i\in\mathbb{Z}}$ は次のような自己回帰モデルに従っているとする．

$$Y_i = \beta_1 Y_{i-1} + \beta_2 Y_{i-2} + \cdots + \beta_{p_n} Y_{i-p_n} + \epsilon_i.$$

ただし ϵ_i たちは，独立同一分布に従い，$\mathsf{E}[\epsilon_1]=0$, $\mathsf{E}[\epsilon_1^2]=\sigma^2<\infty$ であるとする．このモデルは，ベクトルと行列による表現を用いて

$$\mathbf{y}_n = X_n \mathbf{b}_n + \mathbf{e}_n$$

と表される．ただし，

$$\mathbf{y}_n = \begin{pmatrix} Y_1 \\ Y_2 \\ \vdots \\ Y_n \end{pmatrix}, \quad X_n = \begin{pmatrix} Y_0 & Y_{-1} & \cdots & Y_{1-p_n} \\ Y_1 & Y_0 & \cdots & Y_{2-p_n} \\ \vdots & \vdots & & \vdots \\ Y_{n-1} & Y_{n-2} & \cdots & Y_{n-p_n} \end{pmatrix},$$

$$\mathbf{b}_n = \begin{pmatrix} \beta_1 \\ \beta_2 \\ \vdots \\ \beta_{p_n} \end{pmatrix}, \quad \mathbf{e}_n = \begin{pmatrix} \epsilon_1 \\ \epsilon_2 \\ \vdots \\ \epsilon_n \end{pmatrix}$$

とおく．もちろん，行列 X_n の (i,j) 成分は $X_n^{(i,j)} = Y_{i-j}$ と書ける．

データ $\{Y_{1-p_n}, Y_{2-p_n}, \ldots, Y_0, Y_1, \ldots, Y_n\}$ が得られたとし，これらをもとに $(\beta_1, \beta_2, \ldots)^\top$ たちの真の値 $\mathbf{b}_* = (\beta_{*1}, \beta_{*2}, \ldots)^\top$ を推定する問題を考える．ただし，この章を通じて常に β_{*j} たちは有限個の例外を除いて 0 であると仮定し，

$$T_n^* := \{j \in \{1,2,\ldots,p_n\} : \beta_{*j} \neq 0\},$$
$$T^* := \{j \in \mathbb{N} : \beta_{*j} \neq 0\}$$

という記号を用意する．明らかに $T_n^* \subset T^*$ および $|T^*| < \infty$[1)]が成り立つ．さらに，この章を通じて（$p_n \ll n$ でも $n \ll p_n$ でもよいとするが）$p_n \to \infty$ as $n \to \infty$ は常に仮定する．よって十分大きなすべての n について $T_n^* = T^*$ が成り立つ．$\mathbf{b}_{*n} = (\beta_{*1}, \beta_{*2}, \ldots, \beta_{*p_n})^\top$ という記号も用いる．

二乗誤差

$$\frac{1}{2}||\mathbf{y}_n - X_n\mathbf{b}_n||_2^2 = \frac{1}{2}\sum_{i=1}^{n}\left(Y_i - \sum_{j=1}^{p_n} X_n^{(i,j)}\beta_j\right)^2$$

を最小化するための推定関数

$$\mathbb{Z}_n(\mathbf{b}_n) := -X_n^\top(\mathbf{y}_n - X_n\mathbf{b}_n)$$

を導入する．念のため，$\mathbb{Z}_n(\mathbf{b}_n) = (\mathbb{Z}_n^{(1)}(\mathbf{b}_n), \mathbb{Z}_n^{(2)}(\mathbf{b}_n), \ldots, \mathbb{Z}_n^{(p_n)}(\mathbf{b}_n))^\top$ の各成分を書き下しておくと

$$\mathbb{Z}_n^{(j)}(\mathbf{b}_n) = -\sum_{i=1}^{n} X_n^{(i,j)}\left(Y_i - \sum_{k=1}^{p_n} X_n^{(i,k)}\beta_k\right), \quad j = 1, 2, \ldots, p_n,$$

である．

ここで，任意の定数 $\lambda \geq 0$（これは**調整パラメータ**とよばれる）に対し，**ダンツィヒ制約** (Dantzig constraint) を

$$\mathcal{D}_n(\lambda) := \{\mathbf{b}_n \in \mathbb{R}^{p_n} : ||n^{-1}\mathbb{Z}_n(\mathbf{b}_n)||_\infty \leq \lambda\} \subset \mathbb{R}^{p_n}$$

によって定義する．

さらに定義や記号の導入を続ける．任意の $T \subset \{1, 2, \ldots, p_n\}$ と $h \in \mathbb{R}^{p_n}$ に対し，

[1)] 与えられた集合 S に対し，$|S|$ によって S の元の個数を表すものとする．S が無限集合である場合には $|S| = \infty$ である．

$$h_T := \left\{ \begin{pmatrix} \vdots \\ h_j \\ \vdots \end{pmatrix} : j \in T \right\} \in \mathbb{R}^{|T|},$$

$$\mathcal{H}_n(T) := \{h \in \mathbb{R}^{p_n} : ||h_{T^c}||_1 \leq ||h_T||_1\}$$

と定義する．ただし $T^c = \{1, 2, \ldots, p_n\} \setminus T$ である．その上で，$p_n \times p_n$ 非負定値行列

$$J_n := \frac{1}{n} X_n^\top X_n$$

に対し，いわゆる**制限固有値係数** (Restricted Eigenvalue factor) を

$$\mathrm{RE}(T, J_n) := \inf_{\substack{h \in \mathcal{H}_n(T) \\ h \neq 0}} \frac{\sqrt{h^\top J_n h}}{||h||_2}$$

によって導入する．

本節のここまでは，線形回帰モデルにおける高次元スパースの状況下での標準的な設定を述べてきた．ここからの細部は，考察している問題によって異なる設定となる．

まず準備として，確率変数の間の相関構造に関するいかなる条件をも仮定しない場合についての，補題（最大不等式の一つ）を用意しよう．

定義 6.1（ヤング関数，オルリッツ・ノルム）

$\psi : [0, \infty) \to [0, \infty)$ は単調非減少な凸関数であって $\psi(0) = 0$ であるものとする（このような関数を**ヤング関数** (Young function) とよぶことにする[2)]）．ヤング関数 ψ が与えられたとき，確率変数 X の**オルリッツ・ノルム** (Orlicz norm) は

$$||X||_\psi := \inf \left\{ C > 0 : \mathsf{E}\left[\psi\left(\frac{|X|}{C} \right) \right] \leq 1 \right\}$$

[2)] ヤング関数の通常の定義は上述のものとは少し異なる．

によって定義される. ◀

次の不等式は，補題 5.15 と類似している.

補題 6.2 （最大不等式）

任意のヤング関数 ψ と任意の確率変数 $X_1, \ldots, X_p$ に対し，

$$\mathsf{E}\left[\max_{1\le i\le p}|X_i|\right] \le \max_{1\le i\le p}||X_i||_\psi \cdot \psi^{-1}(p)$$

が成り立つ. ◁

証明 $C' = \max_{1\le i\le p}||X_i||_\psi$ とおく．イェンセンの不等式より

$$\begin{aligned}\psi\left(\mathsf{E}\left[\frac{\max_{1\le i\le p}|X_i|}{C'}\right]\right) &\le \mathsf{E}\left[\psi\left(\frac{\max_{1\le i\le p}|X_i|}{C'}\right)\right] \\ &\le \sum_{i=1}^{p}\mathsf{E}\left[\psi\left(\frac{|X_i|}{C'}\right)\right] \\ &\le p\end{aligned}$$

を得る．これから直ちに結論が導かれる. □

注意 6.3

(i) $\psi(x) = x^q\,(q \ge 1)$ のとき，$\psi^{-1}(x) = x^{1/q}$ であり，$||X||_\psi$ は通常の L_q ノルムに一致する.

(ii) $\psi_q(x) = e^{x^q} - 1\,(q \ge 1)$ のとき，$\psi_q^{-1}(x) = (\log(1+x))^{1/q}$ である．もしも X が定数 $K \ge 1$, $C > 0$ に対して $\mathsf{P}(|X| > x) \le Ke^{-Cx^q}$, $\forall x \ge 0$, を満たす確率変数であるならば，$||X||_{\psi_q} \le ((1+K)/C)^{1/q}$ が成り立つ（この証明は演習 6.1 に譲る）.

注意 6.4

一般的には，上記の最大不等式（補題 6.2）を使用するのは必ずしも推奨されることではない．もしも X_i たちに何らかの特別な構造（例えば，定常性，混合性，など）が仮定されているならば，それを利用した方法を模索するほうがよりシャープな不等式が得られる可能性があることは，常に肝に銘ずるべきである.

では，マルチンゲールに対する最大不等式（系 5.18）を（一部の議論では上記の補題 6.2 をも併せて）適用して，本節の鍵を握る次の補題を証明しよう.

補題 6.5

確率過程 $(Y_i)_{i\in\mathbb{Z}}$ と調整パラメータの列 $(\lambda_n)_{n\in\mathbb{N}}$ が，次の条件 (a) あるいは (b) を満たすことを仮定する．

(a) あるヤング関数 ψ に関して $\sup_{i\in\mathbb{Z}} ||Y_i^2||_\psi < \infty$ が満たし，かつ

$$\sqrt{\frac{\psi^{-1}(p_n)\log(1+p_n)}{n}}\lambda_n^{-1} \to 0, \quad \text{as } n \to \infty.$$

(b) $(Y_i)_{i\in\mathbb{Z}}$ は強定常で，かつ

$$\sqrt{\frac{\mathsf{E}[\max_{1\le i\le p_n} Y_i^2]\log(1+p_n)}{n}}\lambda_n^{-1} \to 0, \quad \text{as } n \to \infty.$$

このとき，

$$\lim_{n\to\infty} \mathsf{P}(||n^{-1}\mathbb{Z}_n(\mathbf{b}_{*n})||_\infty > \lambda_n) = 0 \tag{6.1}$$

が成り立つ． ◁

証明　まず

$$||n^{-1}\mathbb{Z}_n(\mathbf{b}_{*n})||_\infty = ||n^{-1}X_n^\top \mathbf{e}_n||_\infty = \max_{1\le j\le p_n}\left|\frac{1}{n}\sum_{i=1}^n Y_{i-j}\epsilon_i\right|$$

であるから，$\mathcal{F}_i = \sigma(Y_j : j \le i)$ によって定まるフィルトレーション $(\mathcal{F}_i)_{i\in\mathbb{N}_0}$ に対して系 5.18 の第二不等式を用いて

$$\begin{aligned}
&\mathsf{E}[||n^{-1}\mathbb{Z}_n(\mathbf{b}_{*n})||_\infty] \\
&\le 2\sqrt{\mathsf{E}\left[\frac{1}{n^2}\sum_{i=1}^n \mathsf{E}\left[\max_{1\le j\le p_n} Y_{i-j}^2\epsilon_i^2\middle|\mathcal{F}_{i-1}\right]\right]}\sqrt{\log(1+p_n)} \\
&\le 2\sigma\sqrt{\frac{1}{n}\sum_{i=1}^n \mathsf{E}\left[\max_{1\le j\le p_n} Y_{i-j}^2\right]}\sqrt{\frac{\log(1+p_n)}{n}}
\end{aligned}$$

を得る．

条件 (a) のもとで，補題 6.2 より

$$\frac{1}{n}\sum_{i=1}^{n}\mathsf{E}\left[\max_{1\le j\le p_n} Y_{i-j}^2\right] \le \max_{1\le i\le n}\mathsf{E}\left[\max_{1\le j\le p_n} Y_{i-j}^2\right]$$
$$\le \sup_{i\in\mathbb{Z}} ||Y_i^2||_\psi \cdot \psi^{-1}(p_n)$$

が成り立ち，条件 (b) のもとでは

$$\frac{1}{n}\sum_{i=1}^{n}\mathsf{E}\left[\max_{1\le j\le p_n} Y_{i-j}^2\right] = \mathsf{E}\left[\max_{1\le j\le p_n} Y_j^2\right]$$

が成り立つ．いずれの場合でも，マルコフの不等式（10 ページの脚注 4 を参照）を用いて最終結論 (6.1) が導かれる． □

演習 6.1 定数 $p \ge 1$, $K \ge 1$, $C > 0$ に対し，X が $\mathsf{P}(|X| > x) \le Ke^{-Cx^p}$, $\forall x \ge 0$, を満たす確率変数であるならば，$||X||_{\psi_p} \le ((1+K)/C)^{1/p}$ が成り立つことを証明せよ．

6.2 ダンツィヒ・セレクタ

本節では，Candès and Tao (2007) によって導入された**ダンツィヒ・セレクタ**を AR(p_n) モデルに適用し，l_2 一致性を証明しよう．

まず，与えられた調整パラメータの列 $(\lambda_n)_{n\in\mathbb{N}}$ に対し，

$$\widehat{\mathbf{b}}_n^D := \operatorname*{argmin}_{\mathbf{b}_n\in\mathcal{D}_n(\lambda_n)} ||\mathbf{b}_n||_1$$

によって定義する．補題を二つ用意しよう．

補題 6.6

任意の与えられた $\mathbf{b}_n = (\beta_1, \beta_2, \ldots, \beta_{p_n})^\top \in \mathcal{D}_n(\lambda_n)$ に対して，

$$T_n := \{j \in \{1, 2, \ldots, p_n\} : \beta_j \ne 0\}$$

とおくと，$(\widehat{\mathbf{b}}_n^D - \mathbf{b}_n) \in \mathcal{H}_n(T_n)$ が成り立つ． ◁

証明
$$
\begin{aligned}
&||(\widehat{\mathbf{b}}_n^D - \mathbf{b}_n)_{T_n^c}||_1 - ||(\widehat{\mathbf{b}}_n^D - \mathbf{b}_n)_{T_n}||_1 \\
&\le ||(\widehat{\mathbf{b}}_n^D)_{T_n^c}||_1 + ||(\mathbf{b}_n)_{T_n^c}||_1 + ||(\widehat{\mathbf{b}}_n^D)_{T_n}||_1 - ||(\mathbf{b}_n)_{T_n}||_1 \\
&= ||(\widehat{\mathbf{b}}_n^D)_{T_n^c}||_1 + 0 + ||(\widehat{\mathbf{b}}_n^D)_{T_n}||_1 - ||\mathbf{b}_n||_1 \\
&= ||\widehat{\mathbf{b}}_n^D||_1 - ||\mathbf{b}_n||_1 \le 0.
\end{aligned}
$$
□

補題 6.7

事象 $\{||n^{-1}\mathbb{Z}_n(\mathbf{b}_{*n})||_\infty \le \lambda_n\}$ の上では,

$$||\widehat{\mathbf{b}}_n^D - \mathbf{b}_{*n}||_2 \cdot \mathrm{RE}(T_n^*, J_n) \le 2\sqrt{\lambda_n ||\mathbf{b}_*||_1}$$

が成り立つ. ◁

証明 $h_n = \widehat{\mathbf{b}}_n^D - \mathbf{b}_{*n}$ とおく. $h_n = \mathbf{0}$ ならば補題の不等式は明らかに成り立つので, 以下では $h_n \neq \mathbf{0}$ の場合を考える. 考察対象の事象の上では $\mathbf{b}_{*n} \in \mathcal{D}_n(\lambda_n)$ が成り立ち, そのことから $||\widehat{\mathbf{b}}_n^D||_1 \le ||\mathbf{b}_{*n}||_1$ であることがわかるから

$$
\begin{aligned}
0 \le h_n^\top J_n h_n &= h_n^\top (n^{-1}(\mathbb{Z}_n(\widehat{\mathbf{b}}_n^D) - \mathbb{Z}_n(\mathbf{b}_{*n}))) \\
&\le ||h_n||_1 \cdot ||n^{-1}(\mathbb{Z}_n(\widehat{\mathbf{b}}_n^D) - \mathbb{Z}_n(\mathbf{b}_{*n}))||_\infty \\
&\le 2||\mathbf{b}_{*n}||_1 \cdot 2\lambda_n \\
&\le 4\lambda_n ||\mathbf{b}_*||_1
\end{aligned}
$$

が成り立つ. ところで, 補題 6.6 より $h_n \in \mathcal{H}_n(T_n^*)$ であることがわかるので,

$$\mathrm{RE}(T_n^*, J_n) \le \frac{\sqrt{h_n^\top J_n h_n}}{||h_n||_2} \le \frac{2\sqrt{\lambda_n ||\mathbf{b}_*||_1}}{||h_n||_2}$$

を得る. □

以上の補題に基づき, ダンツィヒ・セレクタの l_2 一致性を導出しよう.

定理 6.8

補題 6.5 における結論 (6.1) が保証されている状況を考える (例えば,

その補題における条件 (a) または (b) を仮定する）．このとき，

$$\lim_{n\to\infty} \mathsf{P}\left(||\widehat{\mathbf{b}}_n^D - \mathbf{b}_{*n}||_2 > \frac{2\sqrt{\lambda_n||\mathbf{b}_*||_1}}{\mathrm{RE}(T_n^*, J_n)}\right) = 0$$

が成り立つ．

特に，$p_n \to \infty$ および $\lambda_n \to 0$, as $n \to \infty$, であり，かつ，ある定数 $\delta > 0$ が存在して

$$\lim_{n\to\infty} \mathsf{P}(\mathrm{RE}(T_n^*, J_n) \geq \delta) = 1$$

が成り立つならば，$||\widehat{\mathbf{b}}_n^D - \mathbf{b}_*||_2 \xrightarrow{\mathrm{p}} 0$，すなわち，$\widehat{\mathbf{b}}_n^D$ は $\mathbf{b}_*$ の l_2 一致推定量である． ◁

証明 補題 6.7 と補題 6.5 より

$$\begin{aligned}
&\mathsf{P}(||\widehat{\mathbf{b}}_n^D - \mathbf{b}_{*n}||_2 \cdot \mathrm{RE}(T_n^*, J_n) > 2\sqrt{\lambda_n||\mathbf{b}_*||_1}) \\
&\quad \leq \mathsf{P}(||n^{-1}\mathbb{Z}_n(\mathbf{b}_{*n})||_\infty > \lambda_n) \\
&\quad \to 0, \quad \text{as } n \to \infty.
\end{aligned}$$

これで証明の前半が完了した．後半の主張は明らかである． □

6.3 LASSO

本節では，Tibshirani (1996) によって導入された l_1 罰則項付きの二乗誤差を最小化する推定量 (**LASSO**) を，$\mathrm{AR}(p_n)$ モデルに適用する．すなわち，与えられた調整パラメータの列 $(\lambda_n)_{n\in\mathbb{N}}$ に対して

$$\widehat{\mathbf{b}}_n^L := \operatorname*{argmin}_{\mathbf{b}_n\in\mathbb{R}^{p_n}} \left\{\frac{1}{2n}||\mathbf{y}_n - X_n\mathbf{b}_n||_2^2 + \lambda_n||\mathbf{b}_n||_1\right\}$$

によって定義される推定量を考察し，その l_2 一致性を導いていく．

目的関数の第一項は $\mathbf{b}_n$ に関して微分できるが，罰則項は**劣微分**[3)]を行い，推定方程式

[3)] 劣微分に関する詳細は，寒野・土谷 (2014) を参照されたい．川野ら (2018) の付録 A.4 にも簡潔なまとめが書いてある．

$$n^{-1}\mathbb{Z}_n(\mathbf{b}_n) + \lambda_n \mathbf{s}_n = \mathbf{0}$$

を得る．ただし，$\mathbf{s}_n = (s_1, s_2, \ldots, s_{p_n})^\top$ は，$\mathbf{b}_n = (\beta_1, \beta_2, \ldots, \beta_{p_n})^\top$ に対応して

$$s_j = \begin{cases} -1, & \beta_j < 0 \text{ のとき}, \\ [-1,1] \text{ の任意の値}, & \beta_j = 0 \text{ のとき}, \\ 1, & \beta_j > 0 \text{ のとき} \end{cases}$$

を満たすベクトルである．

この段階でわかる二つの事実を確認しよう．まず，この推定方程式の解として得られる LASSO 推定量 $\widehat{\mathbf{b}}_n^L$ とそれに対応する $\widehat{\mathbf{s}}_n$ を代入することにより

$$n^{-1}\mathbb{Z}_n(\widehat{\mathbf{b}}_n^L) + \lambda_n \widehat{\mathbf{s}}_n = \mathbf{0} \tag{6.2}$$

が得られるが，このことから

$$||n^{-1}\mathbb{Z}_n(\widehat{\mathbf{b}}_n^L)||_\infty \le \lambda_n,$$

すなわち $\widehat{\mathbf{b}}_n^L \in \mathcal{D}_n(\lambda_n)$ であることがわかる．

次に，(6.2) の両辺に，$(\widehat{\mathbf{b}}_n^L)^\top$ および一般の $\mathbf{b}_n^\top$ を，左から掛けることにより，それぞれ

$$(\widehat{\mathbf{b}}_n^L)^\top (n^{-1}\mathbb{Z}_n(\widehat{\mathbf{b}}_n^L)) + \lambda_n ||\widehat{\mathbf{b}}_n^L||_1 = 0,$$
$$\mathbf{b}_n^\top (n^{-1}\mathbb{Z}_n(\widehat{\mathbf{b}}_n^L)) + \lambda_n \mathbf{b}_n^\top \widehat{\mathbf{s}}_n = 0$$

を得る．ただし

$$||\mathbf{b}_n^\top \widehat{\mathbf{s}}_n||_1 \le ||\mathbf{b}_n||_1$$

が成り立つことに注意しよう．

ここで，

$$T_n^L := \{j \in \{1, 2, \ldots, p_n\} : \widehat{\beta}_j^L \ne 0\}$$

とおくと，次の補題が得られる．

補題 6.9

事象 $\{||n^{-1}\mathbb{Z}_n(\mathbf{b}_{*n})||_\infty \le \lambda_n\}$ の上では，

$$||\widehat{\mathbf{b}}_n^L - \widehat{\mathbf{b}}_n^D||_2 \cdot \mathrm{RE}(T_n^L, J_n) \le \sqrt{2\lambda_n ||\mathbf{b}_*||_1}$$

が成り立つ． ◁

証明 $\tilde{h}_n = \widehat{\mathbf{b}}_n^L - \widehat{\mathbf{b}}_n^D$ とおく．$\tilde{h}_n = \mathbf{0}$ のときは補題の主張は明らかに成り立つので，以下では $\tilde{h}_n \ne \mathbf{0}$ であるとする．考察している事象上では $\mathbf{b}_{*n} \in \mathcal{D}_n(\lambda_n)$ であり，このことから $||\widehat{\mathbf{b}}_n^D||_1 \le ||\mathbf{b}_{*n}||_1$ がわかるから，

$$\begin{aligned}
0 &\le \tilde{h}_n^\top J_n \tilde{h}_n \\
&= \tilde{h}_n^\top (n^{-1}(\mathbb{Z}_n(\widehat{\mathbf{b}}_n^L) - \mathbb{Z}_n(\widehat{\mathbf{b}}_n^D)) \\
&= -\lambda_n ||\widehat{\mathbf{b}}_n^L||_1 + \lambda_n (\widehat{\mathbf{b}}_n^D)^\top \widehat{\mathbf{s}}_n - \tilde{h}_n^\top (n^{-1}\mathbb{Z}_n(\widehat{\mathbf{b}}_n^D)) \\
&\le -\lambda_n ||\widehat{\mathbf{b}}_n^L||_1 + \lambda_n ||\widehat{\mathbf{b}}_n^D||_1 + ||\tilde{h}_n||_1 \cdot ||n^{-1}\mathbb{Z}_n(\widehat{\mathbf{b}}_n^D)||_\infty \\
&\le -\lambda_n ||\widehat{\mathbf{b}}_n^L||_1 + \lambda_n ||\widehat{\mathbf{b}}_n^D||_1 + (||\widehat{\mathbf{b}}_n^L||_1 + ||\widehat{\mathbf{b}}_n^D||_1)||n^{-1}\mathbb{Z}_n(\widehat{\mathbf{b}}_n^D)||_\infty \\
&\le 2\lambda_n ||\widehat{\mathbf{b}}_n^D||_1 \\
&\le 2\lambda_n ||\mathbf{b}_{*n}||_1 \\
&\le 2\lambda_n ||\mathbf{b}_*||_1
\end{aligned}$$

を得る．ここで，$\widehat{\mathbf{b}}_n^L \in \mathcal{D}_n(\lambda_n)$ であるから補題 6.6 により $\tilde{h}_n \in \mathcal{H}_n(T_n^L)$ であることがわかる．よって，

$$\mathrm{RE}(T_n^L, J_n) \le \frac{\sqrt{\tilde{h}_n^\top J_n \tilde{h}_n}}{||\tilde{h}_n||_2} \le \frac{\sqrt{2\lambda_n ||\mathbf{b}_*||_1}}{||\tilde{h}_n||_2}$$

が成り立つ． □

以上の準備をもとに，LASSO の l_2 一致性を導出しよう．

定理 6.10

補題 6.5 における結論 (6.1) が保証されている状況を考える（例えば，

その補題における条件 (a) または (b) を仮定する). このとき,

$$\lim_{n\to\infty} \mathsf{P}\left(||\widehat{\mathbf{b}}_n^L - \mathbf{b}_{*n}||_2 > \frac{(2+\sqrt{2})\sqrt{\lambda_n||\mathbf{b}_*||_1}}{\min\{\mathrm{RE}(T_n^*, J_n), \mathrm{RE}(T_n^L, J_n)\}}\right) = 0$$

が成り立つ.

特に, $p_n \to \infty$ および $\lambda_n \to 0$, as $n \to \infty$, であり, かつ, ある定数 $\delta > 0$ が存在して

$$\lim_{n\to\infty} \mathsf{P}(\min\{\mathrm{RE}(T_n^*, J_n), \mathrm{RE}(T_n^L, J_n)\} \geq \delta) = 1$$

が成り立つならば, $||\widehat{\mathbf{b}}_n^L - \mathbf{b}_*||_2 \xrightarrow{\mathrm{p}} 0$, すなわち, $\widehat{\mathbf{b}}_n^L$ は $\mathbf{b}_*$ の l_2 一致推定量である. ◁

証明 補題 6.7 と補題 6.9 により, 事象 $\{||n^{-1}\mathbb{Z}_n(\mathbf{b}_{*n})||_\infty \leq \lambda_n\}$ の上では

$$\begin{aligned}
||\widehat{\mathbf{b}}_n^L - \mathbf{b}_{*n}||_2 &\leq ||\widehat{\mathbf{b}}_n^L - \widehat{\mathbf{b}}_n^D||_2 + ||\widehat{\mathbf{b}}_n^D - \mathbf{b}_{*n}||_2 \\
&\leq \frac{\sqrt{2\lambda_n||\mathbf{b}_*||_1}}{\mathrm{RE}(T_n^L, J_n)} + \frac{2\sqrt{\lambda_n||\mathbf{b}_*||_1}}{\mathrm{RE}(T_n^*, J_n)} \\
&\leq \frac{(2+\sqrt{2})\sqrt{\lambda_n||\mathbf{b}_*||_1}}{\min\{\mathrm{RE}(T_n^L, J_n), \mathrm{RE}(T_n^*, J_n)\}}
\end{aligned}$$

が成り立つ. これで証明の前半が完了した. 後半の主張は明らかである. □

付録：ルベーグ積分を学ぶ前に読んでください

ルベーグ積分論は，残念ながら，理工系の学生さんも含め，大半の方に不人気な数学理論のようである．その原因のひとつは，講義の始まりでいきなり「σ-加法族」という抽象的なものの定義が出てきて，その後も「可測集合・可測関数」をはじめとする，何のためにこんな定義になっているのかさっぱりわからない概念がどんどん出てきて，先の見えないまま砂を噛むような気分に陥ってしまうからであろう（筆者の学生時代もそうであった）．

そこで本章では，まだルベーグ積分論の勉強を始めていない読者諸氏が，その理論構成のおおまかな流れを把握し，正規の学習を楽しく効率的に進めていただくためのガイドラインを，気楽に読めるエッセイ風に書いてみようと思う．

A.1　ルベーグ積分の定義の概略

A.1.1　可測関数って何？

ご覧いただきたい．左は（広義）リーマン積分，右はルベーグ積分である：

$$\int_{\mathbb{R}} f(x)dx, \qquad \int_{\mathcal{X}} f(x)\mu(dx).$$

両者の間には，少なくとも三つの違いがある．

まず，関数の定義域の集合が，左は $\mathbb{R}$ であるのに対し，右は $\mathbb{R}$ でも $\mathbb{R}^d$ でもなく，$\mathcal{X}$ という抽象的な集合になっている点が異なる．実は，これには **$\boldsymbol{\sigma}$-加法族** $\mathcal{A}$ というものが取り付けられて，$(\mathcal{X}, \mathcal{A})$ は**可測空間**というものになっている．σ-加法族の役割については後述する．

次に dx というものが $\mu(dx)$ というものに置き換わっている点が異な

る．リーマン積分における dx は，微小な区間の長さ（2 次元の場合には面積，3 次元の場合には体積）を意味するものであったが，ルベーグ積分における**測度** μ というのは，長さ・面積・体積といったものを一般化した，$\mathcal{X}$ の部分集合の「重み」のようなものを表すための概念である．実は $\mu(\cdot)$ の引数には $\mathcal{X}$ の部分集合 A[1]を入れることによって，非負の値 $\mu(A)$（集合 A の長さ・面積・体積のようなものに相当する値）を返してくれる．そのためには，例えば，非交和な集合 $A \cap B = \emptyset$ に対しては $\mu(A \cup B) = \mu(A) + \mu(B)$ が成り立っていたほうが直観に合う．だからこの性質は，σ-加法族や測度の定義に盛り込まれている．

しかし，悪名高き（？）σ-加法族や測度の定義は，「成り立っていたほうが直観に合う」という程度の生易しいモチベーションで用意されたものではない．これらの定義は，要するに**「積分をまともに定義したい！」**という大きな目標に最短距離で到達するために導入されたものである．実は，σ-加法族 $\mathcal{A}$ というのは，いわばパソコンにおける OS のようなものであり，可測関数 f や測度 μ は，その上で動いて積分を定義するというジョブを実行するためにうまくフォーマットされたソフトウェアのようなものである．いうまでもなく，OS が Windows ならソフトも Windows 用のものをインストールしないと動作しない．同様に，導入している σ-加法族 $\mathcal{A}$ に合った関数 f をもってこないと積分は定義も計算もできない．そのようなフォーマットに適合し，積分を定義・計算するための準備が整った関数のことを**可測関数**とよぶのである．

なお，ここまでの説明の中で出現した諸概念の正確な定義は付録 A.1.3 でまとめて述べる．

A.1.2 積分の定義の手順

ルベーグ積分の定義に入る前に，その議論の鍵を握る，解析学の初等的な部分で学んだ重要な事実を復習しておこう．

---

[1] 実は，単なる部分集合ではなく，σ-加法族 $\mathcal{A}$ の元となっている集合 A しか入れることはできない．

単調非減少実数列に関する「基本的事実」

「単調非減少な実数列 $(x_n)_{n\in\mathbb{N}}$ が上に有界であるとき，必ずある極限 $x_\infty \in \mathbb{R}$ に収束する（$\lim_{n\to\infty} x_n = x_\infty$）.」

ここで，「極限」というのは通常は有限値を意味するが，敢えて $x_\infty = \infty$ も許すことにすれば，この主張は次のように拡張される：

「任意の単調非減少な実数列 $(x_n)_{n\in\mathbb{N}}$ は，極限が ∞ である場合も含めれば，必ず何らかの極限 x_∞ に収束する.」

実は，ルベーグ積分の定義におけるアイデアの核心部分は，上記の単純な「基本的事実」なのである．そのことをこれから見ていこう．

実際の積分の定義は次のような手順を踏む.

まずは f が非負の可側関数である場合を考える．そのような場合に $\int_{\mathcal{X}} f(x)\mu(dx)$ をうまく定義できたならば，一般の f に対しては

$$f = f^+ - f^-, \qquad ただし \quad f^+ = f \vee 0, \quad f^- = (-f) \vee 0,$$

と分解[2)]すれば $\int_{\mathcal{X}} f^+(x)\mu(dx)$ と $\int_{\mathcal{X}} f^-(x)\mu(dx)$ は定義できるので，最終的に

$$\int_{\mathcal{X}} f(x)\mu(dx) := \int_{\mathcal{X}} f^+(x)\mu(dx) - \int_{\mathcal{X}} f^-(x)\mu(dx) \tag{A.1}$$

と定義できる.

さて非負の場合，f に対する「下からの近似」を次のように実行する．各 $n \in \mathbb{N}$ に対し，$\mathcal{X}$ の有限非交和分割 $\mathcal{X} = \bigcup_{j=1}^{m_n} A_{n,j}$ であって，各 $A_{n,j}$ が $\mathcal{A}$ の元であるようなものをとってくる[3)]．分割を形成する各々の集合 $A_{n,j}$, $j = 1, 2, \ldots, m_n$, に対し，

$$c_{n,j} := \inf_{x \in A_{n,j}} f(x)$$

2) f が可測ならば f^+, f^- も可測であることが証明できる.

3) $A_{n,j}$ を測度 $\mu(\cdot)$ の引数に放り込むことができるように構築しなければならない．というわけで，σ-加法族や可測空間の概念が必要になる．ちなみに，いまの段階では有限非交和分割の列のとり方は任意としておく.

とおいて，

$$f_n(x) := c_{n,j}, \quad \forall x \in A_{n,j}, \quad j = 1, 2, \ldots, m_n,$$

と定義する．これは f よりは下にある：

$$f_n(x) \le f(x), \quad \forall x \in \mathcal{X}.$$

ここで，左辺に対しては，積分 $\int_{\mathcal{X}} f_n(x)\mu(dx)$ が次のように「自然に」定義できる：

$$I_n = \int_{\mathcal{X}} f_n(x)\mu(dx) := \sum_{j=1}^{m_n} c_{n,j}\mu(A_{n,j}).$$

そうしておいて $n \to \infty$ とするのだが，最初に有限非交和分割の列をとってくるときに「うまく」とってくることによって，$f_n(x) \uparrow f(x)$ がすべての $x \in \mathcal{X}$ について成り立つようにできる[4]．すなわち，$(I_n)_{n\in\mathbb{N}}$ が単調非減少列な実数列であるようにできる．そこで，本項の冒頭で復習した単調非減少実数列に関する「基本的事実」に基づいて，

$$\int_{\mathcal{X}} f(x)\mu(dx) := \lim_{n\to\infty} I_n$$

すなわち

$$\int_{\mathcal{X}} f(x)\mu(dx) := \lim_{n\to\infty} \int_{\mathcal{X}} f_n(x)\mu(dx) \tag{A.2}$$

と定義する[5]．実は，あの悪名高き σ-加法族は，**この極限操作がうまく動作するように設計されたすばらしい OS** なのである．

---

[4] そのような有限非交和分割の列は存在する！　誤解を恐れず敢えて荒っぽくいえば「分割をどんどん細かくしていけばよい」という感じであるが，具体的には伊藤 (1963) の定理 10.1 の証明に出てくるものが厳密な一例である．

[5] もちろん，この極限が有限非交和分割の列にとり方に依存しないことを証明しない限り妥当な定義といえないが，実はそれは証明できる．すわなち，別の有限非交和分割の列をとってきて対応する $\tilde{f}_n$ を定義したときに，もしも $\tilde{f}_n(x) \uparrow f(x)$, $\forall x \in \mathcal{X}$, が成り立つならば，極限 $\lim_n \int_{\mathcal{X}} \tilde{f}_n(x)\mu(dx)$ の値は (A.2) の極限に必ず一致することが証明できる．伊藤 (1963) の 76 ページの補助定理 3 を参照．

ちなみに，(A.2) における極限が ∞ となることもある．ということは，一般の（非負とは限らない）f の場合には $\int_{\mathcal{X}} f^+(x)\mu(dx)$ と $\int_{\mathcal{X}} f^-(x)\mu(dx)$ の両方が ∞ となることもありうるが，その場合には定義したい積分値が $\infty-\infty$ になって不定形なので，「定積分をもたない」ということにする．どちらか一方だけが ∞ の場合には，「定積分をもつ」ということにして

$$\int_{\mathcal{X}} f(x)\mu(dx) := \begin{cases} \infty, & \int_{\mathcal{X}} f(x)^+\mu(dx) = \infty \text{ のとき,} \\ -\infty, & \int_{\mathcal{X}} f(x)^-\mu(dx) = \infty \text{ のとき} \end{cases}$$

と定義する．両方が有限のときは，「可積分である」といい，予定どおり (A.1) によって，有限な定積分の値 $\int_{\mathcal{X}} f(x)\mu(dx)$ を定義する．

A.1.3　遅ればせながら，諸概念の定義を

この節を終えるにあたって，σ-加法族，測度，可測関数の定義をまとめておこう．

定義 A.1（σ-加法族，可測空間）

$\mathcal{A}$ が集合 $\mathcal{X}$ の **σ-加法族** (σ-algebra, σ-field) であるとは，それが $\mathcal{X}$ の部分集合たちが集まったものであって，次の三条件を満たすときにいう．

(i)　空集合 $\emptyset$ は必ず $\mathcal{A}$ の仲間に加える：$\emptyset \in \mathcal{A}$.

(ii) $A \in \mathcal{A}$ ならば補集合も仲間に加える：$A^c \in \mathcal{A}$.

(iii) 可算個の $A_1, A_2, \ldots \in \mathcal{A}$ をとってきたときには，その和も仲間に加える：$\bigcup_i A_i \in \mathcal{A}$.

集合 $\mathcal{X}$ とその σ-加法族 $\mathcal{A}$ を組 $(\mathcal{X}, \mathcal{A})$ にしたものを**可測空間** (measurable space) という．◀

定義 A.2（測度，測度空間）

μ が可測空間 $(\mathcal{X}, \mathcal{A})$ 上の**測度** (measure) であるとは，それが $\mathcal{A}$ 上で定

義された $[0,\infty]$ の値をとる関数[6]であって，次の二条件を満たすときにいう．

(i) $\mu(\emptyset)=0$.

(ii) 可算個の $A_1, A_2, \ldots \in \mathcal{A}$ であって非交和 $A_i \cap A_j = \emptyset$ $(i \neq j)$ であるものが与えられたときには，可算加法性 $\mu(\bigcup_i A_i) = \sum_i \mu(A_i)$ が成り立つ．

可測空間 $(\mathcal{X},\mathcal{A})$ とその上の測度 μ を組にした $(\mathcal{X},\mathcal{A},\mu)$ を**測度空間** (measure space) という． ◀

ちなみに，ここでの「可算加法性」は，前述の (A.2) のあたりの議論がうまく進むようにするために Lebesgue さんが定義に盛り込んだ要請である．

次の定理は，上述の定義を用いてちょっと考えればすぐに証明できる．要するに，測度ゼロの除外集合たちは，可算個である限りにおいては，全部合併してひとつの測度ゼロの除外集合にまとめられる，ということである．

定理 A.3

$(\mathcal{X},\mathcal{A},\mu)$ は測度空間であるとする．可算個の $A_1, A_2, \ldots \in \mathcal{A}$ であって $\mu(A_i)=0$ であるものがあるとき，まとめたものは $\mu(\bigcup_i A_i)=0$ となる． ◁

定義 A.4 （可測写像）

2 つの可測空間 $(\mathcal{X},\mathcal{A})$ と $(\mathcal{Y},\mathcal{B})$ が与えられたとする．写像 $f:\mathcal{X}\to\mathcal{Y}$ が**可測**（詳しい言い方をすれば $\mathcal{B}/\mathcal{A}$-可測）であるとは，

$$\{x \in \mathcal{X} : f(x) \in B\} \in \mathcal{A}, \quad \forall B \in \mathcal{B},$$

であるときにいう． ◀

---

[6]つまり，$\mu(\cdot)$ の括弧の中には $\mathcal{A}$ の元であるような $\mathcal{X}$ の部分集合 A が入ることができて，非負の値 $\mu(A)$（ただし ∞ かもしれない）を返す！

特に値域が $(\mathcal{Y},\mathcal{B}) = (\mathbb{R},\mathfrak{B}(\mathbb{R}))$ であるときは，可測性をチェックするための簡単な判定条件がある．ちなみに，$\mathfrak{B}(\mathbb{R}^d)$ とは，$\mathbb{R}^d$ の開集合の全体 $\mathcal{O}$ を含むような最小の σ-加法族を意味し，**ボレル σ-加法族**とよばれる．

定理 A.5

可測空間 $(\mathcal{X},\mathcal{A})$ と $(\mathbb{R},\mathfrak{B}(\mathbb{R}))$ を考える．関数 $f : \mathcal{X} \to \mathbb{R}$ が可測であることをいうためには，定義どおりにいけば

$$\{x \in \mathcal{X} : f(x) \in B\} \in \mathcal{A}, \quad \forall B \in \mathfrak{B}(\mathbb{R}),$$

をチェックしなければならないはずであるが，実はより手軽に

$$\{x \in \mathcal{X} : f(x) \leq z\} \in \mathcal{A}, \quad \forall z \in \mathbb{R},$$

を調べるだけで十分である． ◁

A.2 ルベーグ積分論のお役立ちツール

ルベーグ積分の理論は，**さまざまな極限操作が快適にできる**ということを魅力としている．その中でも最も有用なものは**ルベーグの収束定理** (Lebesgue's convergence theorem) とよばれ，次のような問いに解答を与えてくれる：

「可測関数の列 f_n が可測関数 f に

$$\lim_{n\to\infty} f_n(x) = f(x), \quad \forall x \in \mathcal{X}, \tag{A.3}$$

という意味で収束しているとき，

$$\lim_{n\to\infty} \int_{\mathcal{X}} f_n(x)\mu(dx) = \int_{\mathcal{X}} f(x)\mu(dx)$$

となることを結論づけてよいか？」

実は，この命題はタダでは成り立たないが，ちょっとだけ付加的条件をチェックすれば，結論の収束は成り立つ．正確にいうと，次のようになる．

定理 A.6（ルベーグの収束定理）

可測関数の列 f_n と可測関数 f について，ある $A \in \mathcal{A}$ であって $\mu(A^c) = 0$ であるものが存在して

$$\lim_{n \to \infty} f_n(x) = f(x), \quad \forall x \in A, \tag{A.4}$$

が成り立つことがわかっているとする．さらに，$n \in \mathbb{N}$ に依存しないある可積分関数 φ であって

$$|f_n(x)| \le \varphi(x), \quad \forall x \in A, \quad \forall n \in \mathbb{N}, \tag{A.5}$$

を満たすものが存在することをチェックできたとする．このとき，（いままでの段階では f は可積分かどうかはわかっていなかったが，実は）f は可積分であり，かつ

$$\lim_{n \to \infty} \int_{\mathcal{X}} f_n(x)\mu(dx) = \int_{\mathcal{X}} f(x)\mu(dx)$$

が成り立つ．　$\lhd$

なお，特に μ が有限測度（すなわち $\mu(\mathcal{X}) < \infty$）である場合には，可積分関数 φ を見つけてくるところは，

「ある定数 $K > 0$ であって

$$|f_n(x)| \le K, \quad \forall x \in A, \quad \forall n \in \mathbb{N},$$

を満たすものが存在する」

に置き換えることができる．ルベーグの収束定理の，この場合への系は，**有界収束定理** (bounded convergence theorem) とよばれる．

説明のため事前にアナウンスした条件 (A.3) よりも，実際にチェックしなくてはならない条件 (A.4) は，$\mathcal{X}$ が小さめの集合 A に置き換わっている分だけ，微妙に弱い．さらに，条件 (A.5) も，すべての $x \in \mathcal{X}$ についてチェックする必要はなく，$x \in A$ についてだけ確かめれば十分である．このような微妙な差は重要ではないと思う読者もいらっしゃるかもしれな

いが，実はこの微妙な差のおかげでぎりぎり命拾いすることもときどきある．

今後，このように，「ある $A \in \mathcal{A}$ であって $\mu(A^c) = 0$ であるものが存在して○○が成り立つ」ということを述べるときには，短く「○○ a.e.」あるいは「○○ a.s.」と表現することにする．“a.e.” とは almost everywhere の略で，μ という測度で測ったときには「ほとんどいたるところ」という意味である．“a.s.” とは almost surely の略で，μ が特に確率測度（つまり全測度 $\mu(\mathcal{X})$ が 1）であるときに用いる（次節を参照）．

ルベーグの収束定理のポイントは (A.5) において φ を n に**依存しないように**見つけてこなければならないという点である．このようなものを具体的に見つけることが困難な場合でも，もしも f_n が非負で，かつ n について単調増加ならば，かわりに以下の**単調収束定理** (monotone convergence theorem) を用いることができる．

定理 A.7（単調収束定理）

可測関数の列 f_n が

$$0 \leq f_1(x) \leq f_2(x) \leq \cdots \leq f_n(x) \leq \cdots, \quad \forall x \in \mathcal{X},$$

を満たすとき，各点ごとの収束

$$\lim_{n\to\infty} f_n(x) = f(x), \quad \forall x \in \mathcal{X},$$

は極限 $f(x)$ が ∞ となるときも含めれば常に成立するが，このときの f は（非負の）可測関数となり，等式

$$\lim_{n\to\infty} \int_{\mathcal{X}} f_n(x)\mu(dx) = \int_{\mathcal{X}} f(x)\mu(dx)$$

が，両辺ともに ∞ かもしれないという可能性を残しつつ，成立する． $\triangleleft$

単調収束定理において f_n に課された仮定は「可測関数」であって可積分関数ではない．よって，各々の $n \in \mathbb{N}$ に対する $I_n := \int_{\mathcal{X}} f_n(x)\mu(dx)$ が無限大の場合も含んでいるが，この場合は極限 $\int_{\mathcal{X}} f(x)\mu(dx)$ も当然無

限大なので，つまらない話である．この定理が真に役に立つのは $(I_n)_{n\in\mathbb{N}}$ が単調非減少で有限な実数の列であり，それが有界であるがゆえに有限な定数 I に収束することが計算できる場合である．そのような場合には，実は f は可積分であって，$\int_{\mathcal{X}} f(x)\mu(dx)$ は I に等しい——と結論づけられるのである．

この手続きの中では，ルベーグの収束定理の (A.5) における可積分関数 φ を見つける必要はないところがありがたい点であるが，その反面，この定理では，たとえ各 I_n が有限であっても極限は無限大かもしれない点に注意して使用すべきである（f が可測関数になることは保証されているが，可積分関数になるとは限らない）．この定理を使用するための重大な制約は，もちろん「f_n が非負で，n について単調増加」ということである．

「f_n は非負可測関数ではあるのだが，n について単調増加ではない」という場合には，次の**ファトゥーの補題** (Fatou's lemma) が役立つ場合もある．

定理 A.8（ファトゥーの補題）

各 $n \in \mathbb{N}$ に対し f_n が非負の可測関数であるならば，$\liminf_{n\to\infty} f_n$ も可測関数であり，

$$\int_{\mathcal{X}} \liminf_{n\to\infty} f_n(x)\mu(dx) \le \liminf_{n\to\infty} \int_{\mathcal{X}} f_n(x)\mu(dx) \tag{A.6}$$

が成り立つ． ◁

ファトゥーの補題は，もちろん，特に $\lim_{n\to\infty} f_n(x) =: f(x)$, $\forall x \in \mathcal{X}$, であるときにも使ってよい．この場合には不等式 (A.6) の左辺は（お目当ての）$\int_{\mathcal{X}} f(x)\mu(dx)$ となるが，残念なことに主張は等号ではない．つまり，そのような状況下において

$$\int_{\mathcal{X}} f(x)\mu(dx) \le \liminf_{n\to\infty} \int_{\mathcal{X}} f_n(x)\mu(dx)$$

は使ってよいが，この式における不等号を等号に置き換えることは，一般

的にはできない．しかし，$\int_{\mathcal{X}} f(x)\mu(dx)$ の値をはっきり求める必要はないが上からの評価が欲しい——という場合には役に立つ定理である．

A.3 ラドン=ニコディムの定理

この節では，初等統計学においても基本事項として最初から出現する「密度関数・確率関数」や，本書で必須の学習項目である「条件付き期待値」の「一意的存在」を保証する**ラドン=ニコディムの定理** (Radon-Nikodym theorem) を紹介しよう．準備として，可測空間 $(\mathcal{X}, \mathcal{A})$ 上の二つの測度 μ, ν について

$$\nu \ll \mu \quad \overset{\text{def}}{\Longleftrightarrow} \quad A \in \mathcal{A} \text{ かつ } \mu(A) = 0 \text{ ならば } \nu(A) = 0$$

という定義を導入する．また，測度 μ が **σ-有限** (σ-finite) であるとは，ある可算個の $A_1, A_2, \ldots \in \mathcal{A}$ であって各 k ごとに $\mu(A_k) < \infty$ かつ $\bigcup_k A_k = \mathcal{X}$ を満たすものが存在するときにいうものとする．特に，**確率測度** (probability measure; 全測度 $\mu(\mathcal{X})$ が 1 である測度) はもちろん σ-有限である．

定理 A.9 (ラドン=ニコディムの定理)

$(\mathcal{X}, \mathcal{A})$ は可測空間であるとする．

(i) 測度 μ と非負可測関数 f が与えられたとき，

$$\nu(A) := \int_A f(x)\mu(dx), \quad \forall A \in \mathcal{A},$$

と定義すると，ν は測度であって，かつ $\nu \ll \mu$.

(ii) μ, ν がともに σ-有限測度であって $\nu \ll \mu$ ならば，μ に関して可積分な非負 $\mathcal{A}$-可測関数 f が存在して

$$\nu(A) = \int_A f(x)\mu(dx), \quad \forall A \in \mathcal{A},$$

が成り立つ．このような f は μ-a.e. の意味で一意的[7]である．この f を**ラドン=ニコディム導関数** (Radon-Nikodym derivative) という． ◁

この定理から，次の系が直ちに得られる．

系 A.10

σ-有限測度 μ に対して $\int_{\mathcal{X}} f(x)\mu(dx) = 1$ を満たす非負可測関数 f が与えられたならば，

$$\mathcal{P}(A) := \int_A f(x)\mu(dx), \quad \forall A \in \mathcal{A},$$

によって定義された $\mathcal{P}$ は確率測度となり，かつ他の非負可測関数 $\widetilde{f}$ であって

$$\mathcal{P}(A) = \int_A \widetilde{f}(x)\mu(dx), \quad \forall A \in \mathcal{A},$$

を満たすものが存在したとしても，$f = \widetilde{f}$, μ-a.e. である． ◁

以下は，進んだ学習段階にある読者への注意事項である．

- 連続型分布における，いわゆる「密度関数」とは，特に μ が $\mathbb{R}^d$ 上のルベーグ測度である場合の f のことである．ルベーグ測度は σ-有限であるから，「密度関数」は一意的に定まるといえる．
- 離散型分布における，いわゆる「確率関数」とは，特に μ が可算集合 $\mathcal{X}$ 上の計数測度（つまり $\mu(A) = \#\{x \in A\}$, $\forall A \subset \mathcal{X}$）である場合の f のことである．計数測度は σ-有限であるから，「確率関数」も一意的に定まるといえる．

A.4 ルベーグ積分論から確率論へ

現代的確率論は，フレームワークだけ見れば，測度論・ルベーグ積分

[7] 詳しくいえば，もしも同じ性質を満たす $\widetilde{f}$ を別にとってきたとしても，ある $A \in \mathcal{A}$ であって $\mu(A^c) = 0$ であるものが存在して $f(x) = \widetilde{f}(x)$, $\forall x \in A$, が成り立つ——ということである．

論の特別な場合である．すなわち，測度空間 $(\mathcal{X}, \mathcal{A}, \mu)$ が与えられたときに，ルベーグ積分論では全測度 $\mu(\mathcal{X})$ はいくつでもよく，例えば無限大でもよいのだが，特に $\mu(\mathcal{X}) = 1$ と仮定したときの測度空間のことを，**確率空間** (probability space) とよぶ．記号としては

$$(\mathcal{X}, \mathcal{A}, \mu) \quad \text{のかわりに} \quad (\Omega, \mathcal{F}, \mathsf{P})$$

というようなものを用いることが多い．

読者はおそらく中学時代以来，さまざまな（やや怪しい？）流儀による「確率」という語の「定義」のようなものを習ってきたと思われるが，ここであらためてきちんと現代的な定義を述べることができる．一般に，確率空間 $(\Omega, \mathcal{F}, \mathsf{P})$ が与えられたときに，σ-加法族 $\mathcal{F}$ の元のことを**事象** (event) とよぶ．事象 $G \in \mathcal{F}$ の起こる**確率** (probability) とは，0 以上 1 以下である実数 $\mathsf{P}(G)$ のことを意味する．ルベーグ積分論に基づく現代的確率論における「確率」という語の定義は，これ以上でも以下でもない．

本書でもしばしば登場する**確率変数** (random variable) という用語は，確率論の世界で使われる一種の方言であり，ルベーグ積分論でいうところの可測関数のことを意味する．例えば，確率変数 X が**可積分** (integrable) であるとは

$$\mathsf{E}[|X|] := \int_\Omega |X(\omega)| \mathsf{P}(d\omega) < \infty$$

であることを意味し，その**期待値** (expected value) とは，積分値

$$\mathsf{E}[X] := \int_\Omega X(\omega) \mathsf{P}(d\omega)$$

のことを指す．

ちなみに，統計学でいうところの**統計量** (statistic) というのも，やはり用語としては方言であり，数学的には可測関数のことを意味するが，統計学における場合には「統計家が知りたい未知パラメータのようなものがあらかじめ含まれている可測関数は，統計量とはよばない」という暗黙のルールがある．

演習問題への解答例

演習 1.1 (i) $\mathsf{E}[(X_1+X_2)^2]=2\sigma^2$. $\mathsf{E}[(X_1+X_2)^2|\mathcal{G}_1]=X_1^2+\sigma^2$ a.s.

(ii) $\mathsf{E}[(X_1+\cdots+X_n)^2]=\mathsf{E}[(X_1+\cdots+X_n)^2|\mathcal{G}_0]=n\sigma^2$.

$\mathsf{E}[(X_1+\cdots+X_n)^2|\mathcal{G}_j]=(X_1+\cdots+X_j)^2+(n-j)\sigma^2$ a.s., $j=1,2,\ldots,n$.

演習 1.2 $\mathsf{E}[L_n|\mathcal{G}_0]=1$ a.s. $\mathsf{E}[L_n|\mathcal{G}_j]=L_j$ a.s., $j=1,2,\ldots,n$.

演習 1.3 まず，任意の $K>0$ に対して

$$
\begin{aligned}
&\mathsf{E}[|\mathsf{E}[Z|\mathcal{G}]|1\{|\mathsf{E}[Z|\mathcal{G}]|>K\}]\\
&\quad\le \mathsf{E}[\mathsf{E}[|Z||\mathcal{G}]1\{\mathsf{E}[|Z||\mathcal{G}]>K\}]\\
&\quad= \mathsf{E}[\mathsf{E}[|Z|1\{\mathsf{E}[|Z||\mathcal{G}]>K\}|\mathcal{G}]]\\
&\quad= \mathsf{E}[|Z|1\{\mathsf{E}[|Z||\mathcal{G}]>K\}]\\
&\quad= \mathsf{E}[|Z|1\{\mathsf{E}[|Z||\mathcal{G}]>K\}1\{|Z|\le\sqrt{K}\}]\\
&\qquad+\mathsf{E}[|Z|1\{\mathsf{E}[|Z||\mathcal{G}]>K\}1\{|Z|>\sqrt{K}\}]\\
&\quad\le \sqrt{K}\mathsf{E}[1\{\mathsf{E}[|Z||\mathcal{G}]>K\}]+\mathsf{E}[|Z|1\{|Z|>\sqrt{K}\}]
\end{aligned}
$$

が成り立つ．右辺の第一項はマルコフの不等式により

$$
\sqrt{K}\mathsf{P}(\mathsf{E}[|Z||\mathcal{G}]>K)\le\sqrt{K}\frac{\mathsf{E}[\mathsf{E}[|Z||\mathcal{G}]]}{K}=\frac{\mathsf{E}[|Z|]}{\sqrt{K}}
$$

と評価できる．したがって，

$$
\begin{aligned}
&\sup_{\mathcal{G}\subset\mathcal{F}}\mathsf{E}[|\mathsf{E}[Z|\mathcal{G}]|1\{|\mathsf{E}[Z|\mathcal{G}]|>K\}]\\
&\quad\le\frac{\mathsf{E}[|Z|]}{\sqrt{K}}+\mathsf{E}[|Z|1\{|Z|>\sqrt{K}\}]\to0,\quad\text{as } K\to\infty.
\end{aligned}
$$

演習 1.4 $A_n^j:=\{|X_n-X_\infty|>1/j\}$ とおく．確率収束の定義から，各 $j\in\mathbb{N}$ に対し $\lim_{n\to\infty}\mathsf{P}(A_n^j)=0$ である．そこで，$\mathsf{P}(A_n^j)\le1/j^2$ となる n を n_j とおき，さらに $B_j:=A_{n_j}^j$ とおく．すると，

$$
\sum_{j=1}^{\infty}\mathsf{P}(B_j)\le\sum_{j=1}^{\infty}\frac{1}{j^2}<\infty
$$

であるから，ボレル=カンテリの補題より，無限個の j で B_j が起こる確率は 0 である．つまり，ある集合 $\mathsf{P}(\Omega_1)=1$ なる集合 $\Omega_1\in\mathcal{F}$ が存在して，

任意の $\omega \in \Omega_1$ に対し，有限個の j を除いて $\omega \notin B_j$ であり，このことから，ある $J(\omega)$ をとることにより

$$|X_{n_j}(\omega) - X_\infty(\omega)| \le \frac{1}{j}$$

がすべての $j \ge J(\omega)$ で成り立つ．よって $X_{n_j}(\omega) \to X_\infty(\omega)$ as $j \to \infty$ である．

演習 1.5 まず，三角不等式により $||X_n| - |X_\infty|| \le |X_n - X_\infty|$ であるとに注意しよう．

(a) のもとで，$|X_n| \xrightarrow{\mathrm{p}} |X_\infty|$ as $n \to \infty$ であるから，定理 1.8 により，ある部分列 $\{n_j\} \subset \{n\}$ が存在して $|X_{n_j}| \xrightarrow{\mathrm{a.s.}} |X_\infty|$ as $j \to \infty$ が成り立つ．ファトゥーの補題により $\mathsf{E}[|X_\infty|] \le \liminf_{j\to\infty} \mathsf{E}[|X_{n_j}|] \le \sup_{n\in\mathbb{N}} \mathsf{E}[|X_n|] < \infty$.

(b) のもとで，$\mathsf{E}[|X_\infty|] \le \mathsf{E}[|X_n - X_\infty|] + \mathsf{E}[|X_n|]$ により（十分大きな n をとることにより）$\mathsf{E}[|X_\infty|] \le 1 + \sup_{n\in\mathbb{N}} \mathsf{E}[|X_n|] < \infty$.

演習 1.6 任意の定数 $0 < \varepsilon < K < \infty$ に対し，

$$\begin{aligned}
&\mathsf{E}[|X_n - X_\infty|] \\
&\quad = \mathsf{E}[|X_n - X_\infty| 1\{|X_n - X_\infty| \le \varepsilon\}] \\
&\qquad + \mathsf{E}[|X_n - X_\infty| 1\{\varepsilon < |X_n - X_\infty| \le K\}] \\
&\qquad + \mathsf{E}[|X_n - X_\infty| 1\{|X_n - X_\infty| > K\}] \\
&\quad \le \varepsilon + K\mathsf{P}(|X_n - X_\infty| > \varepsilon) \\
&\qquad + \mathsf{E}[2(|X_n| \vee |X_\infty|) 1\{2(|X_n| \vee |X_\infty|) > K\}] \\
&\quad \le \varepsilon + K\mathsf{P}(|X_n - X_\infty| > \varepsilon) \\
&\qquad + \mathsf{E}[2|X_n| 1\{2|X_n| > K\}] + \mathsf{E}[2|X_\infty| 1\{2|X_\infty| > K\}] \\
&\quad \le \varepsilon + K\mathsf{P}(|X_n - X_\infty| > \varepsilon) \\
&\qquad + \sup_{n\in\mathbb{N}} 2\mathsf{E}[|X_n| 1\{|X_n| > K/2\}] + 2\mathsf{E}[|X_\infty| 1\{|X_\infty| > K/2\}]
\end{aligned}$$

が成り立つ．そこでまず，右辺の最後の二項が十分小さくなるような K をとり，その後 $n \to \infty$ とすることにより主張が得られる．

演習 1.7 1 次の平均収束が確率収束を導くことはわかっているので，一様可積分性を示せばよい．$|X_n| \le K$ または $|X_\infty| > K/2$ である場合に，不等式

$$|X_n|1\{|X_n| > K\} \leq |X_\infty|1\{|X_\infty| > K/2\} + 2|X_n - X_\infty| \tag{B.1}$$

が成り立つことを見るのは容易である．そうでない場合（$|X_n| > K$ かつ $|X_\infty| \leq K/2$ である場合）には $|X_n - X_\infty| \geq |X_n| - |X_\infty| \geq |X_n|/2$ が成り立つので，やはり不等式 (B.1) は正しい．つまり，いずれの場合でも，不等式 (B.1) は正しい．そこで，その各項の期待値をとり，右辺第一項の値が十分小さくなるような十分大きな K と，$n \geq n_0$ に対する右辺第二項が十分小さくなるような n_0 を見つけることにより，$\mathsf{E}[|X_n|1\{|X_n| > K\}] < \varepsilon$ が $n \geq n_0$ に対して成り立つようにできる．$n \leq n_0$ に対してもこれが成り立つようにするために K をさらに大きくとり直せば証明が完成する．

演習 2.1 (i) 各 M_n が $\mathcal{F}_n$-可測かつ可積分であることは構成から明らかである．さらに，

$$\mathsf{E}[M_n - M_{n-1}|\mathcal{F}_{n-1}] = \mathsf{E}[\xi_n|\mathcal{F}_{n-1}] = 0 \text{ a.s.}$$

であるから，$\mathsf{E}[M_n|\mathcal{F}_{n-1}] = M_{n-1}$ a.s. が成り立つ．

(ii) 各 ξ_n が $\mathcal{F}_n$-可測かつ可積分であることは構成から明らかである．さらに，

$$\begin{aligned}\mathsf{E}[\xi_n|\mathcal{F}_{n-1}] &= \mathsf{E}[M_n - M_{n-1}|\mathcal{F}_{n-1}] \\ &= \mathsf{E}[M_n|\mathcal{F}_{n-1}] - M_{n-1} \quad \text{a.s.} \\ &= M_{n-1} - M_{n-1} \quad \text{a.s.} \\ &= 0\end{aligned}$$

が成り立つ．

演習 2.2 例 2.7 における $(Y_n)_{n\in\mathbb{N}}$ はマルチンゲール差分列であるから，定理 2.6 (i) がその証明になっている．

例 2.8 の主張を証明しよう．各 M_n が $\mathcal{F}_n$-可測であり，かつ非負であることは構成から明らかである．

$$\begin{aligned}
\mathsf{E}[M_n] &= \mathsf{E}[\mathsf{E}[M_n|\mathcal{F}_{n-1}]] \\
&= \mathsf{E}[\mathsf{E}[M_{n-1}U_n|\mathcal{F}_{n-1}]] \\
&= \mathsf{E}[M_{n-1}\mathsf{E}[U_n|\mathcal{F}_{n-1}]] \\
&= \mathsf{E}[M_{n-1}\cdot 1] \\
&= \mathsf{E}[M_{n-1}] \\
&\vdots \\
&= \mathsf{E}[M_0] = 1
\end{aligned}$$

であるから，M_n が可積分であることが確かめられた．また，

$$\mathsf{E}[M_n|\mathcal{F}_{n-1}] = \mathsf{E}[M_{n-1}U_n|\mathcal{F}_{n-1}] = M_{n-1}\mathsf{E}[U_n|\mathcal{F}_{n-1}] = M_{n-1} \text{ a.s.}$$

が成り立つ．これで $(M_n)_{n\in\mathbb{N}_0}$ が非負マルチンゲールであることが示された．L^1-有界であることもすでに示されている．

例 2.9 は，例 2.8 の特別な場合である．実際，$U_k = \frac{g(Y_k)}{f(Y_k)}$ とおくと，

$$\mathsf{E}[U_k] = \mathsf{E}\left[\frac{g(Y_k)}{f(Y_k)}\right] = \int_{\mathbb{R}} \frac{g(y)}{f(y)} f(y)dy = \int_{\mathbb{R}} g(y)dy = 1$$

である．

例 2.10 も，例 2.8 の特別な場合である．実際，$U_n = ((1-p)/p)^{Y_n}$ とおくと，$M_n = M_0 \prod_{k=1}^n U_k$ と書け，しかも

$$\mathsf{E}[U_k] = \left(\frac{1-p}{p}\right)^1 \cdot p + \left(\frac{1-p}{p}\right)^{-1} \cdot (1-p) = (1-p) + p = 1$$

である．

例 2.11 の主張を証明しよう．M_n^2 および V_n がそれぞれ $\mathcal{F}_n$-可測で可積分であることは構成から明らかである．よって $M_n^2 - V_n$ も $\mathcal{F}_n$-可測かつ可積分である．さらに，

$$\begin{aligned}
&\mathsf{E}[(M_n^2 - V_n) - (M_{n-1}^2 - V_{n-1})|\mathcal{F}_{n-1}] \\
&= \mathsf{E}[2M_{n-1}(M_n - M_{n-1})|\mathcal{F}_{n-1}] \quad \text{a.s.} \\
&= 2M_{n-1}\mathsf{E}[M_n - M_{n-1}|\mathcal{F}_{n-1}] \quad \text{a.s.} \\
&= 2M_{n-1}(M_{n-1} - M_{n-1}) = 0 \quad \text{a.s.}
\end{aligned}$$

であるから，

$$\mathsf{E}[M_n^2 - V_n | \mathcal{F}_{n-1}] = M_{n-1}^2 - V_{n-1} \quad \text{a.s.}$$

が得られた．

例 2.12 の主張を証明しよう．明らかに $(V_n - \tilde{V}_n)_{n\in\mathbb{N}_0}$ はマルチンゲールである．よって，

$$M_n^2 - \tilde{V}_n = (M_n^2 - V_n) + (V_n - \tilde{V}_n), \quad \forall n \in \mathbb{N},$$

であることと，例 2.11 で証明したことを使って，$(M_n^2 - \tilde{V}_n)_{n\in\mathbb{N}_0}$ がマルチンゲールであることがわかる．

演習 2.3 主張 (a) は明らかである．

次に，任意の $i = 1, \ldots, p$ に対し

$$\mathsf{E}\left[\max_{1\le i\le p} M_n^{(i)} \middle| \mathcal{F}_{n-1} \right] \ge \mathsf{E}[M_n^{(i)} | \mathcal{F}_{n-1}] = M_{n-1}^{(i)} \quad \text{a.s.}$$

が成り立つから，両辺の（実質的には右辺のみの）$\max_{1\le i\le p}$ をとって

$$\mathsf{E}\left[\max_{1\le i\le p} M_n^{(i)} \middle| \mathcal{F}_{n-1} \right] \ge \max_{1\le i\le p} M_{n-1}^{(i)} \quad \text{a.s.}$$

がわかる．これで主張 (b) が示された．

主張 (c) も，(b) と同様に示される．

演習 2.4 (a) は，$|M_n| = (M_n \vee (-M_n))$ と書き直し，$(-M_n)_{n\in\mathbb{N}_0}$ もマルチンゲールであることにも注意して演習 2.3 (b) を用いることにより，劣マルチンゲールであることがわかる．

(b) は，恒等的に 0 である確率過程がマルチンゲールあることに注意して演習 2.3 (b) を用いることにより，劣マルチンゲールであることがわかる．

(c) に関する主張も同様．

演習 2.5 定理 1.1 にて証明済みである．証明の三つ目において，$q = 1 + \delta$ とおけばよい．

演習 2.6 $\mathsf{E}[|M_n|] = \mathsf{E}[|\mathsf{E}[Z|\mathcal{F}_n]|] \le \mathsf{E}[\mathsf{E}[|Z||\mathcal{F}_n]] = \mathsf{E}[|Z|] < \infty$

であるから，この両辺（実際には左辺のみ）において $\sup_{n\in\mathbb{N}_0}$ をとればよい．

演習 2.7 補題 1.5 を用いればよい（この補題の証明は演習 1.3 となっている）．

演習 2.8 例 2.10 が（$p = 1/2$ の場合を除いて）反例になっている．この例の $(M_n)_{n\in\mathbb{N}_0}$ は L^1-有界マルチンゲールであり，（定理 2.17 から示唆されるように）

$$M_n = \begin{cases} \left(\frac{1-p}{p}\right)^{n\cdot n^{-1}\sum_{k=1}^n Y_k} \xrightarrow{\text{a.s.}} 0^{2p-1} = 0, & p \in (\frac{1}{2}, 1) \text{ のとき}, \\ 1, & p = \frac{1}{2} \text{ のとき}, \\ \left(\frac{1-p}{p}\right)^{(-n)\cdot n^{-1}\sum_{k=1}^n (-Y_k)} \xrightarrow{\text{a.s.}} 0^{1-2p} = 0, & p \in (0, \frac{1}{2}) \text{ のとき} \end{cases}$$

というように，（可積分な）極限に概収束する．しかし，$p = 1/2$ の場合を除き，この極限は，定理 2.19 で示されているような性質をもたない．例えば，この M_∞ に基づいた基本マルチンゲールの構成法でもとのマルチンゲールは再構成できない．よって $(M_n)_{n\in\mathbb{N}_0}$ は基本マルチンゲールではない．

演習 2.9 $Y_1, Y_2, \ldots$ は独立な確率変数で

$$Y_1 = \begin{cases} 1, & \text{確率 } 1/2, \\ -1, & \text{確率 } 1/2 \end{cases}$$

であるとする．$M_0 = 0$ および $M_n = \sum_{k=1}^n Y_k$，$\forall n \in \mathbb{N}$, とおくと，$(M_n)_{n\in\mathbb{N}_0}$ は (2.1) によって与えられるフィルトレーションに関しマルチンゲールとなる．もしこれが L^1-有界マルチンゲールであるならば，定理 2.17 により，ある可積分極限 M_∞ が存在して $\lim_{n\to\infty} M_n(\omega) = M_\infty(\omega)$ がほとんどすべての $\omega \in \Omega$ について成り立つはずである．しかし実際には，$(M_n(\omega))_{n\in\mathbb{N}_0}$ はコーシー列ではない（$|M_n(\omega) - M_{n-1}(\omega)| = |Y_n(\omega)| = 1$ がすべての $n \in \mathbb{N}_0$ について成立する）ので，収束列ではない．ここに矛盾が生じたので，このマルチンゲール $(M_n)_{n\in\mathbb{N}_0}$ は L^1-有界ではない．

演習 3.1 $(M_n)_{n\in\mathbb{N}_0}$ は有界マルチンゲールであるから，ある定数 $K > 0$ が存在して $|M_n| \le K$ がすべての $n \in \mathbb{N}_0$ に対して成り立つ．$((1 + M_n/m)^m)_{n\in\mathbb{N}_0}$ は明らかに適合過程かつ有界である（よって特に L^1-有界である）．最後に，関数 $\psi(x) = (1 + x/m)^m$ の 2 階導関数は

$$\psi''(x) = \frac{m-1}{m}\left(1 + \frac{x}{m}\right)^{m-2}$$

であるが，$m \ge K$ であればこれは $[-K, K]$ 上で非負である．よって $\psi(x)$ は下に凸である．

演習 3.2 (i) $\psi(\hat{S}_n)$ が $\mathcal{F}_n$-可測かつ可積分であることは明らか．イェンセンの不等式も使って

$$\mathsf{E}[\psi(\hat{S}_n)|\mathcal{F}_{n-1}] \geq \psi(\mathsf{E}[\hat{S}_n|\mathcal{F}_{n-1}]) \geq \psi(\hat{S}_{n-1}) \quad \text{a.s.}$$

がわかるから，証明できた．

(ii) 関数 $\psi(x) = x \vee 0$ に (i) を適用すればよい．

演習 3.3 系 3.6 より

$$\mathsf{P}(M_n^* \geq a) \leq \frac{\mathsf{E}[M_n]}{a} = \frac{\mathsf{E}[M_{n-1}]}{a} = \cdots = \frac{\mathsf{E}[M_1]}{a}$$

がわかる．よって 任意の $\varepsilon > 0$ に対し，$a > 0$ を十分大きくとれば

$$\sup_{n \in \mathbb{N}_0} \mathsf{P}(M_n^* \geq a) \leq \frac{\mathsf{E}[M_1]}{a} < \varepsilon$$

とできる．

演習 3.4 (i) 関数 $\psi(x) = x^2$ が下に凸であることから明らか．

(ii)

$$A_0 = 0, \quad A_n = \sum_{k=1}^{n} \mathsf{E}[\xi_k^2|\mathcal{F}_{k-1}], \ \forall n \in \mathbb{N},$$

$$M_0 = 0, \quad M_n = \sum_{k=1}^{n} \left\{ \xi_k^2 + 2\left(\sum_{j=1}^{k-1} \xi_j\right) \xi_k - \mathsf{E}[\xi_k^2|\mathcal{F}_{k-1}] \right\}, \ \forall n \in \mathbb{N}.$$

演習 3.5 (i) τ は停止時刻であるから，任意の $n \in \mathbb{N}_0$ に対して

$$\Omega \cap \{\tau \leq n\} = \{\tau \leq n\} \in \mathcal{F}_n,$$

$$A \in \mathcal{F}_\tau \Rightarrow A^c \cap \{\tau \leq n\} = \{\tau \leq n\} \setminus (A \cap \{\tau \leq n\}) \in \mathcal{F}_n,$$

$$(A_k)_{k \in \mathbb{N}} \subset \mathcal{F}_\tau \Rightarrow \left(\bigcup_{k=1}^{\infty} A_k\right) \cap \{\tau \leq n\} = \bigcup_{k=1}^{\infty} (A_k \cap \{\tau \leq n\}) \in \mathcal{F}_n$$

が成り立つので，$\mathcal{F}_\tau$ が σ-加法族であることが確認できた．

(ii) 任意の $k \in \mathbb{N}_0$ に対し $\{\tau = k\} \in \mathcal{F}_\tau$ であることを示せばよい．そのためには

$$\{\tau = k\} \cap \{\tau \leq n\} \in \mathcal{F}_n, \quad \forall n \in \mathbb{N}_0, \tag{B.2}$$

を示せばよいが，実際のところ

$$\{\tau = k\} \cap \{\tau \le n\} = \begin{cases} \{\tau = k\}, & k \le n \text{ のとき}, \\ \emptyset, & k > n \text{ のとき} \end{cases}$$

であるから (B.2) は成立する.

(iii) 任意の $A \in \mathcal{F}_\tau$ をとる. このとき

$$\{\sigma \le n\} \subset \{\tau \le n\}, \quad \forall n \in \mathbb{N}_0,$$

に注意して

$$\begin{aligned} A \cap \{\sigma \le n\} &= A \cap (\{\tau \le n\} \cap \{\sigma \le n\}) \\ &= (A \cap \{\tau \le n\}) \cap \{\sigma \le n\} \\ &\in \mathcal{F}_n \end{aligned}$$

を得る. よって $A \in \mathcal{F}_\sigma$ である. これで $\mathcal{F}_\tau \subset \mathcal{F}_\sigma$ が示された.

演習 3.6 任意抽出定理により

$$\mathsf{E}[\mathsf{E}[M_\tau|\mathcal{F}_0]] = \mathsf{E}[M_0], \quad \mathsf{E}[\mathsf{E}[M_\sigma|\mathcal{F}_0]] = \mathsf{E}[M_0]$$

であるから $\mathsf{E}[M_\tau] = \mathsf{E}[M_\sigma]$ である.

演習 3.7 (i) k 回目のゲームで勝つと 1, 負けると 0 の値をとる確率変数を W_k とおくと,

$$M_n = M_0 + \sum_{k=1}^{n} \left(-Y_k + \frac{W_k Y_k}{p} \right), \quad \forall n \in \mathbb{N},$$

と書ける. ここで

$$\begin{aligned} \mathcal{F}_0 &= \sigma(M_0, Y_1), \\ \mathcal{F}_1 &= \sigma(M_0, Y_1, Y_2, W_1), \\ \mathcal{F}_2 &= \sigma(M_0, Y_1, Y_2, Y_3, W_1, W_2), \\ &\vdots \\ \mathcal{F}_n &= \sigma(M_0, Y_1, Y_2, \ldots, Y_n, Y_{n+1}, W_1, W_2, \ldots, W_n), \\ &\vdots \end{aligned}$$

とおくと, $(Y_n)_{n\in\mathbb{N}}$ は可予測過程, $(M_n)_{n\in\mathbb{N}_0}$ は適合過程となる.

M_0 が可積分（例えば定数）であると仮定する．$0 \le Y_1 \le M_0$ より Y_1 も可積分となり，このことから M_1 も可積分となる．もしも M_{n-1} が可積分であることが示されたならば，$0 \le Y_n \le M_{n-1}$ も可積分となり，このことから M_n も可積分となる．したがって，数学的帰納法により，すべての $n \in \mathbb{N}$ について M_n は可積分となる．

さらに，

$$\begin{aligned} \mathsf{E}[M_n - M_{n-1}|\mathcal{F}_{n-1}] &= \mathsf{E}\left[-Y_n + \frac{W_n Y_n}{p}\middle|\mathcal{F}_{n-1}\right] \\ &= Y_n \mathsf{E}\left[-1 + \frac{W_n}{p}\middle|\mathcal{F}_{n-1}\right] \quad \text{a.s.} \\ &= 0 \quad \text{a.s.} \end{aligned}$$

がわかるので，$(M_n)_{n\in\mathbb{N}_0}$ はマルチンゲールである．

(ii) 記述は誤りを含む．主張において導入された τ は（停止時刻ではあるが）有界停止時刻ではない．よって任意抽出定理を使用するのは誤りである．

演習 3.8 $(M_n^\tau)_{n\in\mathbb{N}_0}$ がマルチンゲールであることは定理 3.22 で示されている．ある定数 $N \in \mathbb{N}$ が存在して $\tau \le N$ が満たされると仮定されているので，

$$\sup_{n\in\mathbb{N}_0} \mathsf{E}[|M_n^\tau| 1\{|M_n^\tau| > K\}] = \max_{n\le N} \mathsf{E}[|M_{n\wedge\tau}| 1\{|M_{n\wedge\tau}| > K\}]$$

である．ここで任意の $\varepsilon > 0$ をとる．各 $M_{n\wedge\tau}$ が可積分であることに注意すると，ある定数 $K_{\varepsilon,n} > 0$ が存在して

$$K \ge K_{\varepsilon,n} \quad \text{ならば} \quad \mathsf{E}[|M_{n\wedge\tau}| 1\{|M_{n\wedge\tau}| > K\}] < \varepsilon$$

とできる．よって，$K_\varepsilon := \max_{n\le N} K_{\varepsilon,n}$ とおくと

$$K \ge K_\varepsilon \quad \text{ならば} \quad \max_{n\le N} \mathsf{E}[|M_{n\wedge\tau}| 1\{|M_{n\wedge\tau}| > K\}] < \varepsilon$$

とできる．これで $(M_n^\tau)_{n\in\mathbb{N}_0}$ が一様可積分であることが示された．

演習 4.1 仮定により，ある可積分確率変数 Z が存在して $M_n = \mathsf{E}[Z|\mathcal{F}_n]$, $\forall n \in \mathbb{N}_0$, と書ける．ここで，$Z^+ := Z \vee 0$, $Z^- = (-Z) \vee 0$ とおき，$M_n^a := \mathsf{E}[Z^+|\mathcal{F}_n]$, $M_n^b := \mathsf{E}[Z^-|\mathcal{F}_n]$ とおけばよい．

演習 4.2 (a) ⇒ (b) は，$|\mathsf{E}[\check{S}_n - \check{S}_\infty]| \le \mathsf{E}[|\check{S}_n - \check{S}_\infty|]$ より明らか．

(b) ⇒ (a) を示すために，まず $|x| = 2x^+ - (x^+ - x^-) = 2x^+ - x$ に注意して

$$\mathsf{E}[|\check{S}_\infty - \check{S}_n|] = 2\mathsf{E}[(\check{S}_\infty - \check{S}_n)^+] - \mathsf{E}[\check{S}_\infty - \check{S}_n]$$

と書き直そう．右辺第一項は，$0 \le (\check{S}_\infty - \check{S}_n)^+ \le \check{S}_\infty$ であることから，ルベーグの収束定理により $n \to \infty$ とするとき 0 に収束する．右辺第二項は仮定により 0 に収束する．これで主張が証明された．

演習 5.1 各 $n \in \mathbb{N}$ に対し，

$$H \bullet X_n - H \bullet X_{n-1} = H_n(X_n - X_{n-1}) \ge 0$$

であるから，主張は明らかである．

演習 5.2 各 $n \in \mathbb{N}_0$ に対し $\{\rho \le n\} = \sum_{k=1}^n \{X_k > \eta\} \in \mathcal{F}_n$ が成り立つので，ρ は停止時刻である．

いっぽう，$(S-1)$ は $\{0, 1, \ldots, \infty\}$ に値をとり，かつ，各 $n \in \mathbb{N}_0$ に対し

$$\{(S-1) \le n\} = \{S \le n+1\} = \{A_{n+1} \ge \delta\} \in \mathcal{F}_n$$

が成り立つ（ここで $(A_n)_{n\in\mathbb{N}_0}$ が可予測であることを用いた）．よって $(S-1)$ は停止時刻である．

演習 5.3 (i) は，系 5.18 の第二不等式から容易に導かれる．

(ii) の一つ目の主張を示すには，系 5.19 を $\sigma^2 = (\int_{\mathcal{X}} H(x)^2 P(dx) + 1)/n$ に対して用いればよい．(ii) の二つ目の主張は，系 5.18 の第二不等式から容易に導かれる．

演習 6.1 まず，任意の $D > 0$ に対して

$$\mathsf{E}[e^{D|X|^p} - 1] = \mathsf{E}\left[\int_0^{|X|^p} De^{Ds} ds\right] = \int_0^\infty \mathsf{P}(|X| > s^{1/p}) De^{Ds} ds$$

が成り立つことに注意しよう．これに，仮定で与えられた確率の評価式を代入して計算すると，値は $KD/(C-D)$ によって押さえられる．そして これが 1 以下になるのは $D^{-1/p} \ge (C/(K+1))^{1/p}$ のときである．

参考文献

[1] Bickel, P.J., Ritov, Y. and Tsybakov, A.B. (2009). Simultaneous analysis of LASSO and Dantzig selector. *Ann. Statist.* **37**, 1705-1732.

[2] Candès, E. and Tao, T. (2007). The Dantzig selector: Statistical estimation when p is much larger than n. *Ann. Statist.* **35**, 2313-2351.

[3] Chow, Y.S. and Teicher, H. (1998). *Probability Theory: Independence, Interchangeability, Martingales. (3rd Ed.)* Springer.

[4] Dubins, L.E. (1966). A note on upcrossings of semimartingales. *Ann. Math. Statist.* **37**, 728.

[5] Freedman, D.A. (1975). On tail probabilities for martingales. *Ann. Probab.* **3**, 100-118.

[6] 舟木直久 (2004). 確率論. 朝倉書店.

[7] Fujimori, K. and Nishiyama, Y. (2017a). The l_q consistency of the Dantzig selector for Cox's proportional hazards model. *J. Statist. Plann. Inference* **181**, 62-70.

[8] Fujimori, K. and Nishiyama, Y. (2017b). The Dantzig selector for diffusion processes with covariates. *J. Japan Statist. Soc.* **47**, 59-73.

[9] Fujimori, K. (2019a). The Dantzig selector for a linear model of diffusion processes. *Statist. Inference Stoch. Process.* **22**, 475-498.

[10] Fujimori, K. (2019b). *The Dantzig selector for statistical models of stochastic processes in high-dimensional and sparse settings.* Doctoral Dissertation. Waseda University.

[11] Fujimori, K. (2022). The variable selection by the Dantzig selector for Cox's proportional hazards model. *Ann. Inst. Statist. Math.* **74**, 515-537.

[12] 伊藤清三 (1963). ルベーグ積分入門. 裳華房.

[13] 寒野善博・土谷隆 (2014). 最適化と変分法. 丸善出版.

[14] 川野秀一・松井秀俊・廣瀬慧 (2018). スパース推定法による統計モデリング. 共立出版.

[15] 熊谷隆 (2003). 確率論. 共立出版.

[16] Lenglart, E. (1977). Relation de domination entre deux processus. *Ann. Inst. Henri Poincaré (B)*, **13**, 171-179.

[17] 西山陽一 (2011). マルチンゲール理論による統計解析. 近代科学社.

[18] Nishiyama, Y. (2022). *Martingale Methods in Statistics.* Chapman & Hall / CRC Press.

[19] Pollard, D. (2002). *A User's Guide to Measure Theoretic Probability.* Cambridge University Press.

[20] 清水泰隆 (2021). 統計学への確率論，その先へ.（第 2 版）内田老鶴圃.

[21] Tibshirani, E. (1996). Regression shrinkage and selection via the lasso. *J. Royal Statist. Soc. Ser. B*, **36**, 111–147.

[22] van de Geer, S.A. (1995). Exponential inequalities for martingales, with application to maximum likelihood estimation for counting processes. *Ann. Statist.* **23**, 1779–1801.

[23] van der Vaart, A.W. and Wellner, J.A. (1996). *Weak Convergence and Empirical Processes: With Applications to Statistics.* Springer.

索　引

【ハ行】

【マ行】

【ヤ行】

【ラ行】

〈著者紹介〉

西山陽一（にしやま よういち）

1969 年　兵庫県姫路市生まれ
1991 年　大阪大学理学部数学科卒業
1993 年　大阪大学大学院基礎工学研究科数理系専攻修士課程修了
1994 年　統計数理研究所助手
1998 年　ユトレヒト大学数学研究所にて Ph.D. 取得
　　　　　統計数理研究所准教授を経て
現　在　早稲田大学国際教養学部教授
　　　　　Ph.D.
専　門　数理統計学
主　著　"*Entropy Methods for Martingales*" (CWI Tract **128**, Centrum voor Wiskunde en Informatica, 2000)
　　　　　『マルチンゲール理論による統計解析』（ISM シリーズ：進化する統計数理 **1**，近代科学社，2011）
　　　　　"*Martingale Methods in Statistics*" (Monographs on Statistics and Applied Probability **170**, Chapman & Hall / CRC Press, 2022)

統計学 One Point 27

マルチンゲール
―測度論の概観から
スパース推定の基礎まで―

Martingale:
From Overview of Measure Theory
to Foundation of Sparse Estimation

2025 年 1 月 14 日　初版 1 刷発行

著　者　西山陽一　© 2025

発行者　南條光章

発行所　**共立出版株式会社**

〒112-0006
東京都文京区小日向 4-6-19
電話番号　03-3947-2511（代表）
振替口座　00110-2-57035
www.kyoritsu-pub.co.jp

印　刷　大日本法令印刷

製　本　協栄製本

一般社団法人
自然科学書協会
会員

検印廃止
NDC 417.1

ISBN 978-4-320-11278-0

Printed in Japan